地理空间数据版权保护技术及方法

张黎明　闫浩文　吕文清　著

科 学 出 版 社
北　京

内 容 简 介

本书以地理空间数据为研究对象，系统地论述了地理空间数据的数字水印和数字指纹的基本概念和基本原理。其主要内容包括：地理空间数据安全概述；数字水印技术和数字指纹技术的理论基础；矢量空间数据水印算法；栅格空间数据水印算法；三维空间数据水印算法；矢量空间数据数字指纹算法等。

本书可供测绘、地理信息、遥感、计算机信息处理、信息安全等方面的科技人员参考，亦可作为地图学与地理信息系统专业研究生的教学参考用书。

审图号：GS 京（2025）0928 号

图书在版编目（CIP）数据

地理空间数据版权保护技术及方法 / 张黎明，闫浩文，吕文清著. — 北京：科学出版社，2025. 6. — ISBN 978-7-03-082635-0

Ⅰ．P208.2；TP309.7

中国国家版本馆 CIP 数据核字第 2025CD3072 号

责任编辑：杨帅英　赵　晶 / 责任校对：郝甜甜
责任印制：徐晓晨 / 封面设计：无极书装

科 学 出 版 社 出版
北京东黄城根北街 16 号
邮政编码：100717
http://www.sciencep.com

北京九州迅驰传媒文化有限公司印刷
科学出版社发行　各地新华书店经销

*

2025 年 6 月第 一 版　　开本：787×1092 1/16
2025 年 6 月第一次印刷　　印张：10 3/4
字数：250 000
定价：99.00 元
（如有印装质量问题，我社负责调换）

前　言

随着测绘与地理信息技术的飞速发展，地理空间数据在国民经济、国防建设和环境保护等领域发挥着重要作用。进入人工智能和大数据时代，人们对地理空间数据的需求持续增长。由于地理空间数据具有生产成本高、生产周期长、精度高和潜在价值高等特点，其重要性越发凸显。然而，随着计算机网络技术的发展，地理空间数据的获取更加便利，数据的复制和传播也更为容易，这为地理空间数据共享应用带来方便的同时，也使得地理空间数据安全应用和版权保护面临严峻的挑战。从国家安全层面出发，高精度的地理空间数据一旦被泄露，会对国防安全造成重大威胁。从数据所有者角度出发，地理空间数据的非法复制和传播会使数据的版权无法得到有效保护，严重侵害所有者的合法权益。因此，如何有效保护地理空间数据安全、确保其版权完整，是当前亟须解决的重要课题之一。

数字水印是信息安全领域的前沿技术，它的基本原理是把能够代表数据版权的信息和其他秘密信息转换为水印信号，并将其嵌入文本、图像、音频和视频等文件中。数字水印技术在不影响原始数据视觉效果和使用精度的前提下，利用特定的嵌入方式嵌入水印信息，且水印难以被移除或篡改。当涉及版权纠纷或数据归属判定时，可以通过特定的水印提取方式，提取数据中水印信息来确认数据的所有者。数字水印技术作为数据版权保护的前沿技术和有效手段，已普遍应用于图像、视频、音频、文档等领域。近年来，数字水印技术在地理空间数据安全应用和版权保护方面也取得了显著的进展。

地理空间数据主要包括矢量数据与栅格数据，新型数据源包括点云数据、环境感知数据及包含位置信息的实测数据等。地理空间数据具有格式不统一、形态多样、数据源复杂等特性，因此，在地理空间数据数字水印技术研究中，需要考虑地理空间数据类型及结构的特点。基于这一点，本书将重点围绕矢量数据、栅格数据和三维数据这三大类型，展开相关研究。

矢量空间数据水印算法通常根据水印的嵌入位置分为两种：空间域水印算法和变换域水印算法。矢量空间数据空间域水印算法是指在水印嵌入过程中，直接对矢量空间数据的坐标值和角度等空间量进行修改，以达到将水印信息稳健嵌入矢量空间数据的空间域中的目的。空间域水印算法实现相对简单，因此许多学者利用矢量空间数据本身特征，对矢量空间数据空间域水印算法展开了研究。基于空间域的矢量空间数据数字水印算法，在数据精度控制、计算效率以及实用性方面表现出独特的优势，并且在抵抗坐标点增删攻击方面具有强鲁棒性。然而，基于空间域的水印算法的不可感知性较差，且水印信息容易被检测或破坏。变换域水印算法通过将数据从空间域转换到频率域，然后将水印信息非显性地嵌入频率系数中，逆变换后得到含水印信息的数据。常见的变换方法包括离散傅里叶变换（DFT）、离散余弦变换（DCT）和离散小波变换（DWT）。相比空间域算法，变换域算法具备更好的隐蔽性和抗攻击能力，尤其在应对压缩、噪声干扰等方面表现出一定的优势，适用于对算法鲁棒性要求较高的场景。

栅格数据具有数据量大、结构清晰、表达精确的特点，在地理信息系统（GIS）中有着广泛的应用。栅格数据数字水印算法根据算法的嵌入过程也可分为空间域和变换域两类，如空间域水印算法可以直接对栅格空间数据的像素值进行修改，将水印信息嵌入图像的灰度值或颜色分量中。这类算法实现简单、计算效率高，并且易于在各种类型栅格数据中实施。然而，对像素值的直接修改，使空间域水印算法在面对压缩、噪声干扰等常见攻击时的鲁棒性较弱，同时其水印的不可感知性也较差，容易被检测或篡改。相比之下，变换域水印算法将栅格数据从空间域转换到频率域，再在变换系数上嵌入水印信息，常用的变换域方法包括 DCT、DWT 和 DFT 等。变换域水印算法能够在保证数据精度的前提下，提供较好的不可见性，并具有更强的抗几何攻击能力。在遥感影像等高精度应用中，基于变换域的水印算法可以减少对影像分类结果的影响，显著提升水印的安全性和不可见性。此外，通过在嵌入和提取过程中引入加密技术，可以使得变换域算法能够有效抵御未经授权的水印提取与修改。总体而言，变换域水印算法在栅格空间数据中展现出更好的不可见性和鲁棒性，尤其适合对数据安全和版权保护有较高要求的场景。

三维空间数据是一种用于描述物体形状、位置及其在三维空间中关系的数据类型，其特点包括精确的空间表达、复杂的结构、多维信息整合以及丰富的视觉呈现能力。已有的三维空间数据数字水印算法主要分为两类：空间域水印算法和变换域水印算法。三维空间数据空间域水印算法通过修改点的坐标值和高程值等空间量来嵌入水印信息。这类算法实现相对简单，计算效率高，并且易于实施。然而，由于直接修改顶点坐标，这种方法可能使三维模型的几何形状发生明显变化，从而影响模型的外观和性能。三维空间数据变换域水印算法是将坐标根据某种可逆数学变换至频率域以嵌入水印信息，再进行逆变换得到含水印数据。这类算法通过修改频域系数来嵌入水印信息，能够在较小程度上影响数据的视觉效果，同时提高水印的抗攻击能力和不可感知性。变换域水印算法特别适用于对三维模型进行细致处理的应用场景，如虚拟现实和增强现实中的 3D 模型保护。

数字指纹技术利用数字水印技术向数字产品中嵌入不同的标识性识别代码，这些代码包含数据所有者、用户及数据分发过程的信息。当发行商发现数据产品被非法分发时，可以根据嵌入的指纹信息判定非法传播者和使用者，为侵权数据溯源提供依据，实现版权保护。数字指纹和数字水印同属于信息隐藏技术的范畴，但二者存在显著不同。数字指纹是在原产品中嵌入与用户有关的信息，嵌入的内容对于不同购买者是不同且唯一的。而数字水印则是向数字产品中嵌入与版权所有者有关的信息，相同作品的嵌入内容是相同的。此外，由于嵌入信息的唯一性，数字指纹技术可以根据提取到的指纹信息判断数据的所有者、合法或非法使用者及非法传播者。而数字水印技术则只能识别数据的所有者和合法或非法使用者。

本书是兰州交通大学测绘地理信息数据安全研究团队近几年的研究成果，主要包括地理空间数据安全使用和版权保护的前沿技术。书中详细介绍数字水印技术和数字指纹技术的基本原理与关键技术，并重点探讨它们在矢量空间数据、栅格空间数据和三维空间数据等不同类型地理空间数据中的应用。全书共 6 章：第 1 章介绍数字水印技术和数字指纹技术的概念、原理及相关技术。第 2~4 章分别讨论数字水印技术在矢量空间数据、栅格空间数据和三维空间数据中的应用。第 5 章则聚焦于数字指纹技术在地理空间数据侵权溯源中的应用。第 6 章对全书内容进行总结。与其他已有专著相比，本书具有以下特点：①内容全面，涵盖数字水印技术和数字指纹技术在多种常见地理空间数据中的应用；②内容新颖，详细介绍近年来前沿的数字水印和数字指纹算法原理，以及它们在各种地理空间数据中的实际应用；③理论性强，书中涉及多种与算法相关的理论基础，如 Logistic 混沌映射、Arnold 变换、D-P 算法、泰森多边形、奇异值分解和指纹编码等。

本书的研究工作受到国家自然科学基金项目（42271430、42430108、42371463、41761080）、甘肃高等学校产业支撑引导项目（2019C-04）和国家留学基金资助项目（2023[40]号）等的资金支持和资源保障。

本书由张黎明、闫浩文和吕文清共同撰写。在本书撰写过程中，各章节的分工如下：第 1 章由闫浩文撰写，主要介绍数字水印技术和数字指纹技术的基本概念与原理；第 2 章由闫浩文撰写，重点探讨数字水印技术在矢量空间数据中的应用；第 3 章由张黎明撰写，分析数字水印技术在栅格空间数据中的具体实施；第 4 章由张黎明撰写，讨论三维空间数据中数字水印技术的应用；第 5 章由吕文清撰写，专注于数字指纹技术在矢量空间数据中的应用；第 6 章由闫浩文撰写，对全书内容进行总结与讨论。本书在写作和编辑过程中，得到了兰州交通大学张明旺、谭涛、汪磊、刘帅康、南瑞刚、谢佳宁、金琰等研究生的帮助，在此表示衷心的感谢！

限于作者水平有限，书中难免存在不足之处，恳请读者批评指正。

作　者

2024 年 10 月

目 录

第1章　绪论 ·· 1
　1.1　地理空间数据安全概述 ··· 1
　　1.1.1　概念 ·· 1
　　1.1.2　体系 ·· 2
　1.2　数字水印技术 ··· 4
　　1.2.1　基本概念 ·· 4
　　1.2.2　鲁棒水印技术 ·· 6
　　1.2.3　脆弱水印技术 ·· 7
　　1.2.4　零水印技术 ·· 7
　　1.2.5　水印算法评价指标 ·· 9
　1.3　数字指纹技术 ··· 11
　　1.3.1　基本概念 ·· 11
　　1.3.2　对称指纹技术 ·· 14
　　1.3.3　非对称指纹技术 ·· 14
　　1.3.4　数字指纹评价指标 ·· 14
　1.4　小结 ··· 17
第2章　矢量空间数据零水印算法 ·· 18
　2.1　基于分布中心的矢量空间数据零水印算法 ··· 18
　　2.1.1　零水印构造与检测 ·· 18
　　2.1.2　实验与分析 ·· 22
　2.2　应用泰森多边形的矢量地理数据零水印算法 ······································· 24
　　2.2.1　算法步骤 ·· 25
　　2.2.2　实验与分析 ·· 28
　2.3　运用奇异值分解的矢量地理数据零水印算法 ······································· 31
　　2.3.1　零水印的构造 ·· 31
　　2.3.2　零水印的检测 ·· 33
　　2.3.3　实验与分析 ·· 34
　2.4　小结 ··· 39
第3章　栅格空间数据水印算法 ·· 40
　3.1　运用DWT与SIFT的GF-2影像双重水印算法 ······································· 40
　　3.1.1　基于DWT与SIFT的双重水印方案 ··· 41

3.1.2 算法验证与性能评价 ·· 44
3.2 结合 ASIFT 和归一化的遥感影像水印算法 ·· 47
3.2.1 算法实现步骤 ·· 48
3.2.2 实验与分析 ·· 53
3.3 基于 MSER 的遥感影像水印算法 ·· 56
3.3.1 运用 MSER 的遥感影像水印算法步骤 ························· 57
3.3.2 算法评估 ·· 60
3.4 基于 NSCT 与改进 SIFT 特征点的抗几何水印算法 ······················ 63
3.4.1 算法原理 ·· 64
3.4.2 改进的 SIFT 提取算法与特征区域确定 ······················ 64
3.4.3 水印方案 ·· 66
3.4.4 算法验证与性能评价 ·· 68
3.5 小结 ·· 71

第 4 章 三维空间数据水印算法 ···73
4.1 运用格网划分的三维点云数据数字水印算法 ································ 73
4.1.1 数据预处理与水印算法实现 ···································· 73
4.1.2 水印算法评估 ·· 77
4.2 精度可控的倾斜摄影三维模型可逆水印算法 ································ 83
4.2.1 倾斜摄影三维模型可逆水印算法步骤 ····················· 84
4.2.2 实验与分析 ·· 87
4.3 运用 DFT 的 BIM 模型数据鲁棒水印算法 ······································ 92
4.3.1 基于 DFT 的 BIM 模型数据鲁棒水印算法 ·············· 93
4.3.2 算法有效性分析 ·· 96
4.4 基于马氏距离和 ISS 特征的三维点云数据鲁棒水印算法 ············ 99
4.4.1 运用马氏距离和 ISS 特征的三维点云数据鲁棒水印算法 ·· 99
4.4.2 实验验证与结果分析 ·· 103
4.5 运用特征点的不规则三角网 DEM 盲水印算法 ·························· 109
4.5.1 特征点提取 ·· 110
4.5.2 水印嵌入与检测 ·· 111
4.5.3 实验与分析 ·· 112
4.6 小结 ·· 115

第 5 章 矢量空间数据数字指纹算法 ·· 117
5.1 基于 I 码和 CFF 码的矢量空间数据数字指纹算法 ······················ 117
5.1.1 指纹编码 ·· 117
5.1.2 指纹嵌入与提取追踪 ·· 120

5.1.3 实验与分析 ·· 121
5.2 一种提高编码效率的矢量空间数据指纹算法 ································ 123
　　5.2.1 指纹方案 ·· 124
　　5.2.2 实验与分析 ··· 127
5.3 一种快速追踪合谋者的矢量空间数据指纹算法 ···························· 131
　　5.3.1 指纹编码 ·· 132
　　5.3.2 指纹方案 ·· 135
　　5.3.3 实验与分析 ··· 137
5.4 基于映射分块的矢量地理数据多级数字指纹算法 ······················· 140
　　5.4.1 多级数字指纹构造 ·· 140
　　5.4.2 多级指纹嵌入 ·· 142
　　5.4.3 多级指纹提取 ·· 144
　　5.4.4 实验与分析 ··· 144
5.5 小结 ··· 150

第6章 结语 ·· 151
6.1 总结 ··· 151
6.2 展望 ··· 153

参考文献 ··· 154

第1章 绪 论

地理空间数据是国家重要的基础性、战略性资源，在国土规划、资源管理、防灾减灾、交通、军事、国防等领域具有极其重要的地位、作用和价值（朱长青等，2014）。地理空间数据的采集花费了大量的人力、物力，其拥有者的利益理应得到保护（版权是利益之一）；另外，地理空间数据中包含事关国家安全的敏感信息，其传播和使用的范围、权限等应受到严格的限制。因为，地理空间数据一旦被非法传播和恶意使用，不仅会损害版权人的利益，而且危及国家安全和国防安全（王家耀，2022），所以如何从技术层面对地理空间信息数据版权进行保护、对数据的传播和使用范围进行控制至关重要。

1.1 地理空间数据安全概述

在现代社会，地理空间数据广泛应用于导航、城市规划、资源管理、军事应用等领域，因此数据安全显得尤为重要。

1.1.1 概 念

地理空间数据安全指的是在测绘和使用地理信息数据的过程中，确保数据的保密性、完整性和可用性，防止未经授权的访问、篡改、泄露或破坏（李虎等，2020）。这一概念涵盖了一系列与地理数据的存储、传输、处理和共享相关的安全措施。

具体内容包括：

1）数据保密性

确保地理空间数据在未经授权的情况下不能被访问或泄露。通常通过加密技术来保护数据的机密性。

2）数据完整性

确保地理数据在传输或存储过程中不被篡改或损坏。数据完整性保护措施确保数据从采集到使用的整个生命周期中保持准确和一致。

3）数据可用性

确保授权用户在需要时可以访问和使用地理空间数据。这意味着系统应该能够抵御各种类型的攻击（如拒绝服务攻击），以确保数据的持续可用性。

4）数据共享与使用的合规性

地理空间数据的使用应遵循相关法律法规和政策要求，确保数据使用的合法性和正当性。地理空间数据具有高价值性，数据的使用应当保护所有者的权益，数据理应在限定的时间和范围内使用。

5）风险评估与管理

识别、评估和管理与地理空间数据相关的安全风险，以确保在数据采集、处理、存储和共享过程中能够应对潜在的威胁。

6）应急响应与恢复

建立应急预案，在发生安全事件时能够迅速响应和恢复，确保地理数据和相关系统的正常运行。

1.1.2 体　系

地理空间数据是国家的重要战略资源，在军事、国防、交通、规划、经济建设等诸多领域中作用重大。这些数据的采集花费了大量的人力、物力，其版权理应得到保护；更重要的是，它可能包含事关国家安全的敏感信息，其传播和使用的范围、权限等应有严格的限制（Li et al.，2008）。

地理空间数据安全体系是为了确保地理空间数据在整个生命周期中保持安全而建立的一整套管理制度、技术手段和风险管理。该体系应当涵盖从数据采集、处理、存储、传输到使用和共享的各个环节，旨在防止数据泄露、篡改、丢失或非法使用。构建一个全面的地理空间数据安全体系，可以有效保护地理数据的安全，避免因数据泄露或损坏带来的经济损失和法律风险（Dakroury et al.，2010）。

地理空间数据安全研究主要包括以下内容。

1）管理制度

制定和实施数据安全管理的策略和规章制度，确保地理空间数据的安全处理符合相关法律法规和行业标准。涉及地理空间数据安全的两部基本法包括《中华人民共和国测绘法》和《中华人民共和国数据安全法》。

1992年《中华人民共和国测绘法》颁布实施，旨在加强测绘管理，促进测绘事业发展，保障测绘事业为经济建设、国防建设、社会发展和生态保护服务，维护国家地理信息安全。

地理信息产业被国务院确定为战略性产业，具有科技含量高、产业链条长、就业能力比较强的特点，也是测绘地理信息部门服务社会大众的途径。鉴于今年我国地理信息安全面临的严峻形势和地理信息产业发展的迫切需要，于2017年进行了第二次修订。

新《中华人民共和国测绘法》是我国测绘地理信息法治建设的重要里程碑，为测绘地理信息事业改革创新发展提供了更加坚实的法律支撑，对于保障国家重要地理信息安全、促进地理信息产业健康发展、推动测绘地理信息工作更好地服务党和国家工作大局、更好地满足经济社会发展需求具有重大的现实意义。

在大数据和数字经济大背景下，我国于 2021 年颁布了《中华人民共和国数据安全法》，这是我国关于数据安全的首部律法，其让数据安全有法可依、有章可循，为数字化经济的安全健康发展提供了有力支撑。

有关地理空间数据安全的其他规章制度主要如下：

(1)《中华人民共和国测绘成果管理条例》（2006 年）；
(2)《基础地理信息公开表示内容的规定（试行）》（2010 年）；
(3)《遥感影像公开使用管理规定（试行）》（2011 年）；
(4)《地图管理条例》（2015 年）；
(5)《测绘地理信息管理工作国家秘密范围的规定》（2020 年）；
(6)《公开地图内容表示规范》（2023 年）；
(7)《涉密基础测绘成果提供使用管理办法》（2023 年）；
(8)《对外提供涉密测绘成果管理办法》（2024 年）。

地理空间数据安全至关重要，如何从技术层面对数据版权进行保护、对数据的传播和使用范围进行控制至关重要。

《自然资源部关于加快测绘地理信息事业转型升级 更好支撑高质量发展的意见》（自然资发〔2023〕158 号）通知指出，构建测绘地理信息新安全格局，推进保密处理技术研发应用，推动国产密码技术融合应用。积极应对新技术新业态风险挑战，顺应人工智能、大数据、自动驾驶、卫星互联网等新技术新业态发展，研发测绘地理信息安全防控新技术，形成涉密测绘地理信息可信分发、可控使用和过程溯源技术体系。

目前，用于地理空间数据安全保护的主要技术手段有：数字加密、数字水印、数字指纹、交换密码水印、区块链技术等。

2）技术手段

数据加密：对地理空间数据进行加密处理，确保在传输和存储过程中数据不会被未经授权的人员获取或篡改。常用的加密技术包括对称加密、非对称加密和混合加密。

数字水印：应用信息隐藏技术，在地理空间数据中嵌入不可见的水印信息，用于版权保护和追踪识别数据泄露源头。

数字指纹：每个合法用户在接收到数字内容时，都会嵌入一个唯一的标识（即数字指纹），主要目的是防止多个恶意用户联合起来破解数字指纹，进而破坏内容版权或泄露机密信息。这使得如果内容被非法传播或泄露，可以追踪到源头。

交换密码水印：是一种结合加密技术和数字水印技术的安全技术，主要用于保护数字内容的版权和完整性，以及防止非法复制和传播。这种技术的核心在于通过密码技术和水印技术的结合，增强数字内容的安全性和可追溯性。

区块链技术：利用区块链的不可篡改性和去中心化特点，确保地理空间数据的完整性和可信性，并记录数据的访问和修改历史。

1.2 数字水印技术

1.2.1 基本概念

数字水印技术（digital watermarking）是以观察者无法察觉或看不见的方式将带特定信息的标记直接或间接嵌入数字数据内容中，不影响原始载体的使用价值，也不易被感知和再次修改，但是可以通过一些计算操作被检测或者被提取（Karakos，2002）。其中，嵌入水印的载体可以是数字图像、视频、音频、地理数据、文本消息和三维模型等数据。该技术可用于多种目的，包括版权保护，广播监控和数据身份验证，检测已被非法分发或修改的文档、图像或其他类型的多媒体数据。

水印是在生产过程中印在多媒体数据上用于版权识别的设计。标记可以是图案、徽标或一些其他图像。通常，嵌入可以是可视的，如水印是以肉眼可见的方式嵌入则称为可见水印，也可以是不可感知的不可见水印。在现代，大多数数据和信息都是以数字形式存储和交流的，说明真实性的作用越来越重要。因此，利用数字水印技术将水印秘密地嵌入原始数据中，以观察者无法感知的方式存在。水印作为原始数据不可分割的一部分，应当与原始数据（如二维图形、三维模型、音频数据）紧密结合并隐藏起来，且可以在不损害原始数据使用价值的运作中保留下来。它们可以被用来防止盗窃或阻止未经授权的复制（冯柳平，2022）。

数字水印技术在研究过程中共分为两个过程：一个是水印信息嵌入过程，另一个是水印信息提取过程。在水印信息嵌入过程中，将水印图像、版权信息通过水印技术嵌入原始数据中；在水印信息提取过程中，通过水印提取算法将嵌入在原始数据中的水印信息提取出来，当遇见可疑数据时，若能够从原始数据中提取出自己的水印信息，则证明这幅数据版权归自己所有，若不能从中提取出水印信息，则这幅数据不是自己的数据，数字水印算法流程图如图1.1所示。

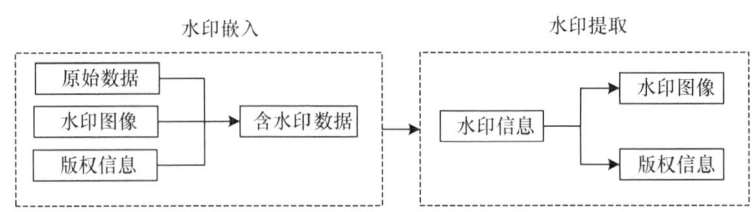

图1.1 数字水印算法流程图

1. 数字水印的分类

数字水印由于评判标准不同，分类的方式也不同，大致可分为以下几类：

数字水印按照嵌入位置的不同分为空间域水印与变换域水印。空间域水印是将水印信息嵌入载体数据的高程、坐标等特征量中，这样会一定程度改变数据的精度，若嵌入过多的水印信息，将会导致水印不可感知性变差，因此空间域水印的水印容量往往都偏低;变换域水印是运用离散余弦变换(discrete cosine transform,DCT)、离散傅里叶变换(discrete fourier transform,DFT)、离散小波变换(discrete wavelet transform,DWT)等水印算法将水印信息嵌入变换域中,使得水印信息能够在载体数据中均匀分布,其鲁棒性相比空间域水印算法有了较大的提升(孙圣和和陆哲明,2000;刘瑞祯和谭铁牛,2000)。

数字水印按照可见程度分为可见水印和不可见水印。可见水印指的是人们日常生活中能够在载体数据上看到的、显示水印内容的水印,使人们知道数据的版权归属者是谁,但其容易被人用技术去除;不可见水印指的是通过技术手段将版权信息嵌入载体数据中,人们不易察觉,必要之时,可以从载体数据中提取版权信息来维护自己的权益。

数字水印按照提取水印时是否需要原始载体数据分为盲水印和非盲水印,在检测时,需要用到原始数据才能提取出水印信息,我们将其称为盲水印;不需要用到原始数据就能提取出水印信息,我们将其称为非盲水印,由于采用非盲水印算法会受到水印容量的限制,因此要选择哪种算法,需根据实际应用来决定(刘得成等,2021;杜顺等,2013)。

数字水印按嵌入方式分为嵌入式水印和非嵌入式水印,嵌入式水印算法是将水印数据直接嵌入地理数据坐标值中,此类算法无法应用于高精度矢量地理数据版权保护中,而非嵌入式水印,是根据数据某种特征生成版权保护信息,对数据的精度不会产生任何影响(Van et al.,2017;Zhou et al.,2020)。

数字水印按嵌入水印后是否能够无损还原数据分为有损水印和无损水印,有损水印指的是把嵌入的水印提取出来时会对原始数据进行永久性的改动,无法适应于高精度数据的应用;无损水印则不会对原始数据进行改动,方法有可逆水印、基于特征的无损水印以及零水印技术(欧博等,2022;孙建国等,2010)。

2. 数字水印的基本特征

运用数字水印技术的目的是确定数据的版权信息、版权认证、侵权行为以及数据内容来源真实性与完整性的认证。根据设计数字水印的目的,数字水印一般具有以下几个方面的要求。

1)不可感知性

不可感知性是数字水印的一个重要特性。其原则就是载体数据嵌入水印信息后不能降低质量,影响其可用性。数字产品是为消费者实际应用的,因此要求水印嵌入载体数据后,不应造成原始数据本身视听感知效果退化,必须使得含水印数据与原始数据在人眼感知下没有明显的异常,这也是数字水印技术中最基本的要求。

2)鲁棒性

水印的鲁棒性是指水印信息在遭遇如信号处理、几何变形、有损压缩、恶意攻击、噪声干扰或其他恶意破坏操作后,依然能够提取出水印信息,从而判断数字产品所属权或追踪违法再发行者。因此,为了使攻击者无法轻易伪造出新的数据拷贝或直接将水印信息抹除，水印应对各种不同的攻击操作具有相应的抵抗能力。

3）唯一性

唯一性是指含水印数据携带的水印信息都是唯一确定的，当进行数字水印提取与检测时，必须保证合法用户的正当权益，避免误判现象。因此，数字水印检测过程要求水印是唯一可靠的，不能有歧义，以达到保护版权的目的。

4）安全性

安全性是指所设计数字水印方案的嵌入规则必须具有一定的安全性，精密的水印隐藏方案可以使非法用户无法通过简单的信号处理就能从数据中找到水印信息并消除。例如，采用密钥的方式保存水印在嵌入操作时的对应关系，使得非法用户在没有密钥的情况下无法对水印信息实施破坏行为。

5）可证明性

可证明性是指含水印用户数据在遭受非法用户攻击时，依然可以借助所设计算法提取出完整的水印信息，从而为用户提供准确、可靠且毫无争议的版权归属判定。

6）平衡性

以上几种数字水印技术的特性中，不可感知性与鲁棒性是最基本的评价要求，但这两者之间存在着互斥的相互关系，并且与水印容量三者形成互相制衡的局面。因此，如何权衡这三者之间的关系，是设计数字水印算法时的核心要点。

以上是数字水印的基本特点，针对数据与算法嵌入过程的不同，关于水印特征的解释也存在不同的侧重点。满足这些基本条件构建的水印算法才能最大限度地保护数字作品版权，防止非法行为的发生。

1.2.2 鲁棒水印技术

数字水印根据其用途可分为鲁棒水印和脆弱水印。鲁棒水印要求嵌入的水印信息能够经受数据使用过程的失真变换以及非法使用者的恶意攻击。按照水印的嵌入方式，可分为空间域水印算法、变换域水印算法。

空间域水印算法是直接将水印嵌入数据中，如经典的最低有效位算法（least significant bit，LSB）、格网划分水印算法等都是直接在数据中找寻特征点位进行直接嵌入。这类水印算法虽然能抵抗一些平移、缩放等攻击，但嵌入过多水印信息会导致水印不可感知性变差，所以空间域水印算法的水印容量普遍较低（尹浩等，2005）。

变换域水印算法需要先将数据映射到变换域中，通过调整变换域参数进行水印嵌入，最后进行相应的逆变换将数据恢复到空间域，其对滤波、有损压缩等处理有良好的鲁棒性；这类水印算法常通过DCT、DWT和DFT将水印信息嵌入参数中，并逆变换恢复到空间域，这类算法可以嵌入更多的水印信息，使得鲁棒性增强（Wang et al.，2011）。

频域鲁棒水印算法基本流程如图 1.2 所示。

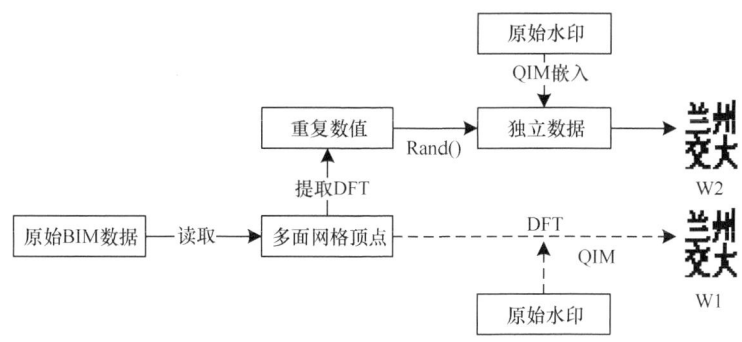

图 1.2 频域鲁棒水印算法的基本流程

注：QIM（quantization index modulation）是一种基于量化索引调制的数学水印方法。

1.2.3 脆弱水印技术

脆弱水印与鲁棒水印相反，当载体数据发生细微变化时，水印便无法提取，所以脆弱水印往往被用于数据的完整性认证与篡改检测。一般而言，摘要性描述由原始数据直接生成。脆弱水印算法除了具有不可感知性、安全性、一定的鲁棒性外，还能可靠检测出篡改，并能根据使用场景展现不同的鲁棒性。

脆弱水印的基本要求首先是能够可靠检测篡改信息，而且在理想状态下可以检测出修改的位置和破坏量，甚至能够分析篡改的类型并对篡改后的数据进行恢复。其次，在一些应用场景中，原始数据无法得到，因此水印需支持盲检测（Yu et al.，2017）。在一般的应用场景中，脆弱水印也应是不可见的，水印安全依赖密钥，因此需要有足够的密钥空间。在鲁棒水印中，水印的鲁棒性与攻击方式有关，同样地，脆弱水印的鲁棒性也与攻击方式息息相关。与鲁棒水印不同，脆弱水印受到的主要攻击是设法篡改多媒体内容却不破坏水印信息，也就是"伪认证"攻击。按照脆弱水印的实现方法不同，脆弱水印同样可以分为空间域水印算法、变换域水印算法。

1.2.4 零水印技术

随着互联网技术的发展和大数据时代的来临，矢量地理数据的传播和共享需求与日俱增。与此同时，矢量地理数据的版权问题也受到了很大的威胁。目前，已有许多学者在矢量地理数据的版权问题中提出了相关技术和算法。较为典型的是基于空间域的数字水印算法和基于变换域的数字水印算法。这类算法通常是通过直接或者间接修改矢量地理数据的顶点坐标值来嵌入水印信息。尽管这类算法可以在一定程度上达到版权保护的目的，但数据精度受到的损失却无法弥补，因此并不适用于高精度矢量地理数据。

为此，Wen 等（2003）首次提出零水印技术的概念并将其应用到图像领域。零水印技术是通过提取原始数据中的重要特征信息构造特征序列，将特征序列视为水印信息，不对原始数据做任何修改。当发生版权保护问题时，将可疑数据生成的水印信息与原始数据的水印信息进行相关性判定以确定版权归属。由于零水印技术不对原始数据产生任何影响，因此，零水印技术被许多学者应用到矢量地理数据之中，为矢量地理数据的版权保护提供了新的解决方案。

1. 零水印的特点

由于零水印技术有不同于其他数字水印技术的优势，因此零水印技术也具备一些独特的特点，主要如下。

1）无损特性

根据零水印技术的概念，零水印技术仅提取原始数据中的重要特征来构造水印信息，原始数据并未发生任何改变，因此原始数据未产生任何损失。

2）水印信息限制小

由于水印信息是通过原始数据的重要特征进行构造，因此在构造水印信息时，水印信息的大小和数量不受到限制。

3）隐蔽性强

由于原始数据和构造的水印信息之间是相互独立的，因此两者很难被肉眼识别，更不容易受到怀疑、推理和伪造。

4）鲁棒性强

原始数据最重要的就是特征信息，不论是什么攻击，一旦特征信息受到破坏，那么原始数据本身的价值就会大打折扣甚至没有用处。零水印技术恰好是根据重要的特征进行水印构造，与原始数据密不可分，因此鲁棒性也较强。

5）水印信息安全

水印信息的安全有两个方面。一方面为了保护构造的水印信息安全，通常会将版权信息进行置乱，将版权信息和水印信息进行运算，达到保护水印信息的目的。另一方面，构造的零水印信息会存储在第三方版权保护中心，不会遭受泄露和破坏，更加安全。

2. 零水印技术的基本流程

零水印技术与传统水印技术相比内容相似，其包含两个部分，即零水印构造与零水印检测。

零水印构造，首先提取载体数据中的稳定特征信息，然后将特征信息构造成二值特征矩阵，其次将二值特征矩阵与置乱后的版权信息图像异或生成零水印图像，最后将零水印图像注册到第三方知识产权机构中。至此，零水印构造过程全部完成，其流程图如图1.3所示。

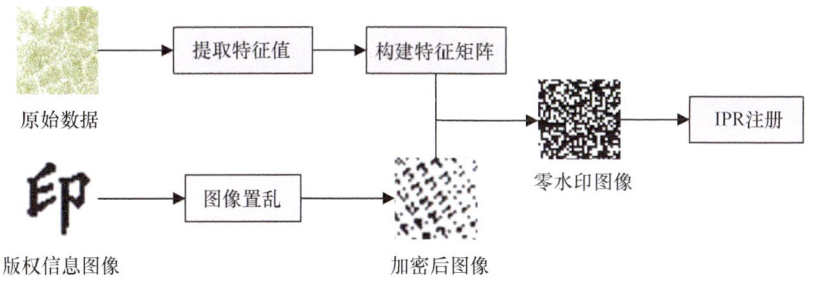

图 1.3　零水印构造流程图

注：IPR（intellectual property protection），即知识产权保护。

零水印检测，首先对可疑数据提取特征信息，根据特征信息构建二值特征矩阵，然后从第三方知识产权机构中提取零水印图像，将二值特征矩阵与零水印图像进行异或运算，得到置乱后的版权信息，将它进行反置乱，即可得到可疑数据的版权信息，最后将两个版权信息进行比较，确定数据的归属权。零水印检测流程图如图 1.4 所示。

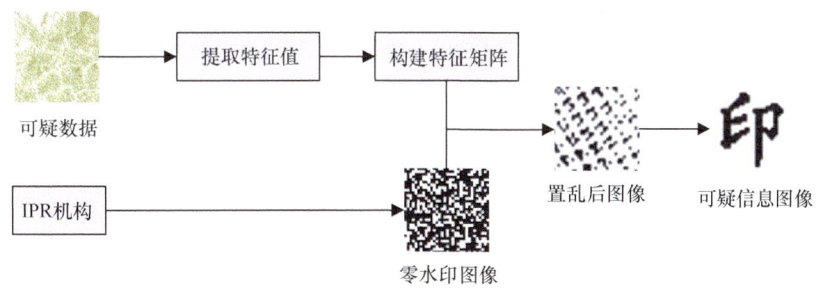

图 1.4　零水印检测流程图

1.2.5　水印算法评价指标

在实际应用中，人们会对矢量地理数据进行预处理，以便达到使用要求，这类预处理包括对数据进行平移、旋转、缩放、裁剪等处理。因此，我们所设计出来的零水印算法要尽可能抵抗这些处理方式。即使矢量地理数据遭受这些攻击后，我们仍然可以从中提取出水印信息，从而解决数据归属权问题。

1. 常见的攻击类型

1）几何攻击

几何攻击包括平移、旋转和缩放攻击。

（1）数据平移。

数据平移指的是对矢量地理数据所有坐标点在水平方向移动 Δ_x 段位移，在垂直方向移动 Δ_y 段位移，平移后的矢量地理数据与原始数据排列方式相同，原始坐标 $M(x,y)$ 与

平移后坐标 $M_0(x_0, y_0)$ 的关系如式（1.1）所示。

$$\begin{cases} x_0 = x \pm \Delta_x \\ y_0 = y \pm \Delta_y \end{cases} \quad (1.1)$$

（2）数据旋转。

数据旋转指的是矢量数据上所有点以同一个角度进行旋转，设原始坐标 $M(x, y)$ 旋转 θ 后，新生成的坐标为 $M_0(x_0, y_0)$，数据旋转时如式（1.2）所示。

$$\begin{cases} x_0 = x\cos\theta + y\sin\theta \\ y_0 = -x\sin\theta + y\cos\theta \end{cases} \quad (1.2)$$

（3）数据缩放。

数据缩放指的是数据在 x 轴上缩放 f_x 倍，在 y 轴上缩放 f_y 倍，数据的大小发生了变化，原始坐标 $M(x, y)$ 与缩放后坐标 $M_0(x_0, y_0)$ 的关系如式（1.3）所示。

$$\begin{cases} x_0 = f_x x \\ y_0 = f_y y \end{cases} \quad (1.3)$$

2）顶点攻击

顶点攻击指的是对数据顶点进行添加或者删除。顶点删除通常是对矢量地理数据进行压缩，而顶点添加则是在数据中增加一些非特征点。

3）裁剪攻击

在对矢量地理数据使用前，人们通常需要按照实际需求来对矢量地理数据进行裁剪，裁剪后的数据会导致水印信息缺失，尤其当水印信息嵌入整个数据时，裁剪攻击一定会对水印信息产生影响。

4）投影攻击

投影攻击是矢量地理数据一种特殊的处理方式，其变化会导致矢量地理数据几何形状及要素之间的相对位置发生改变。投影变换共分为四种方式：等积投影、等角投影、等距投影和任意投影。

2. 矢量地理数据水印算法评估

1）归一化相关系数（normalized correlation coefficient，NC）

为了验证算法的鲁棒性，我们通常判定原始水印信息与提取到的水印信息之间的相似程度，通过比较阈值与 NC 之间的大小关系，从而判断提取出来的水印信息是否能成为版权信息（蒋美容等，2020）。一般情况下，NC 值越接近 1，则说明提取出来的水印与原始水印越相似，其计算公式如式（1.4）所示。

$$\mathrm{NC} = \frac{\sum_{i=1}^{M}\sum_{j=1}^{N}\mathrm{XNOR}\left(W(i,j),W'(i,j)\right)}{M \times N} \quad (1.4)$$

式中，$M \times N$ 表示水印图像大小；$W(i,j)$ 表示原始的水印信息；$W'(i,j)$ 表示提取的水印信息；XNOR 表示异或非运算。

2）均方根误差（root-mean-square error，RMSE）

RMSE 用来衡量原始矢量地理数据坐标与嵌入水印后坐标之间的误差大小，能够用来评价水印嵌入对矢量地理数据精度的影响（张黎明等，2016），计算公式如式（1.5）所示。

$$\mathrm{RMSE} = \sqrt{\frac{\sum_{i=1}^{n}d_i^2}{n}} \quad (1.5)$$

式中，n 表示顶点坐标的个数；d_i 表示顶点坐标和含水印数据顶点坐标之间的绝对误差。

1.3 数字指纹技术

1.3.1 基本概念

传统意义上的指纹是人类手指末端指腹上由凹凸的皮肤所形成的纹路，由于人的指纹是遗传与环境共同作用产生的，因而指纹人皆有之且各不相同，故将其称为"人体身份证"。后来，研究者们扩展了指纹的思想，将其运用到版权保护范畴。他们将用户的唯一标识码称作数字指纹，它能够像真正的指纹那样象征一个人的身份。这种数字指纹通过借鉴不同的数字水印技术嵌入载体数据中，当有消费者对其获得的数据进行非法分发后，发行商可以通过提取拷贝中的数字指纹，识别叛逆者身份，追究其法律责任，从而保护数据版权。

数字指纹系统主要包括算法模块与协议模块两部分内容。其中，算法部分涵盖指纹的编码与解码、嵌入与提取以及拷贝追踪策略等核心技术；而协议部分则规定了系统中各实体之间的交互机制与行为规范（王玉军，2007），本书的研究内容重点是基于算法部分展开的。

完整的数字指纹系统包括三部分：指纹的编码、指纹嵌入、指纹提取及检测追踪。指纹的编码过程确保分发给用户的指纹信息具有唯一性；指纹嵌入过程主要侧重于保证嵌入后载体数据的可用性及指纹的鲁棒性；检测追踪过程一般依赖于检测率和误码率。最后，通过协议实现各实体之间的交互及识别。从数字指纹体制上划分，数字指纹系统也分为分发子系统和追踪子系统两部分（吕述望等，2004），基本模型如图 1.5 所示。

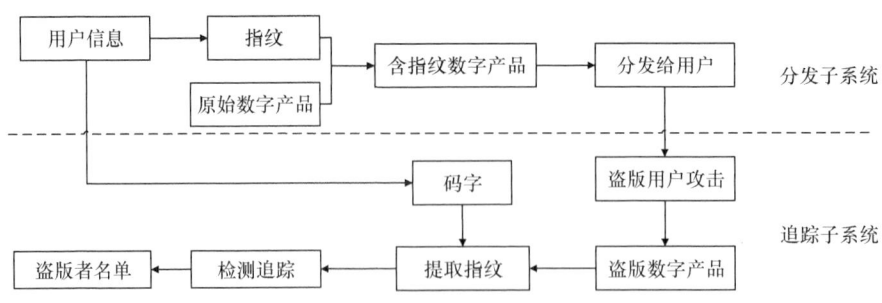

图 1.5　数字指纹系统的基本模型

分发子系统包括指纹的编码和指纹嵌入。消费者向商家发出采办数字产品申请，商家根据申请者的一些身份信息或者采办信息生成指纹信息，将其嵌入数字产品中。商家将嵌入指纹的数字产品分发给申请者，最后将每一个申请者的身份信息和与之相对应的指纹信息都保存到数据库中。

追踪子系统是在发现流通的可疑产品时进行的工作，主要是指纹提取和检测追踪合谋用户。当出现可疑产品时，发行商可以提取嵌入的指纹，并与指纹信息数据库中的信息作对比，判定是否为非法传播的产品。若指纹信息已是合谋后的指纹，而数据库中无匹配信息，则通过一定的检测算法，追踪到参与合谋的用户，对其进行审判。

这两部分往往由发行商、购买用户（还可能有登记中心、仲裁机构等实体）通过一系列协议来连接更好实现。

1. 数字指纹的特性

运用数字指纹技术的目的是跟踪到非法拷贝的叛逆者。指纹编码的构造特点可直接影响检测合谋用户的效率，故指纹编码是数字指纹模型中重要的一部分。指纹编码是指在一定的假设下，将获得的与用户有关的信息按照一定的规则进行编码，生成具有抗攻击能力码字的过程（吕述望等，2004）。指纹码字并不是单纯意义上的用户序号，根据设计数字指纹的目的，数字指纹一般具有以下几个方面的要求（王威等，2011；陆宇光，2009）。

1）不可感知性

不可感知性是数字指纹编码的一个重要特性。其原则就是载体数据指纹嵌入不能降低质量、影响消费者的可用性。数字产品是为消费者实际应用的，因此它必须具有很好的感知特性。任何视听效果不佳的数字产品对于购买者而言都是无意义的。因此，要求指纹编码嵌入数字对象中以后，不应造成数字作品本身视听感知效果退化，必须要满足用户的基本的需求，只有达到购买者满意的需求，引入数字指纹技术对数字作品版权保护才有意义。

2）稳健性

指纹的稳健性是指纹信息在遭遇（如传输过程中可能受到的信号处理、几何变形、有损压缩、恶意攻击等）噪声干扰或其他破坏后，发行商依然能够提取出指纹信息，从而判断数字产品所属权或追踪违法再发行者。其目标是使叛逆者不能在不破坏数字产品的情况下，伪造出新的数据拷贝或去除原指纹。

3）唯一性

唯一性是指每个用户都有唯一确定的指纹，当进行数字指纹提取与检测追踪时，必须保证合法用户的正当权益，避免误判现象。因此，数字指纹检测过程要求指纹是唯一可靠的，准确追踪到非法分发的叛逆者，以达到版权保护的目的。

4）嵌入量

由于数字指纹所保护的对象通常是数据量较大的数字产品，如多媒体数据等，为确保嵌入指纹信息的数字产品遭受合谋攻击后能留下尽可能多的信息，要求指纹序列达到足够嵌入量，尤其在用户数量很多的情况下，以保证每个消费者具有不同的指纹信息供发行商追踪检测叛逆者。

5）抗合谋性

抗合谋性是数字指纹的一个关键特征。合谋攻击是数字指纹当前主要的攻击方式，抗合谋性是指一些合法用户参与攻击时，不但不会出现误判他人指纹的现象，还可以至少追踪到一个非法用户。

以上是数字指纹的基本特点，针对算法不同的嵌入过程，关于指纹编码特征的解释也存在不同的侧重点。满足这些基本条件构建的指纹算法才能最大限度地追踪叛逆者，保护数字作品版权，审判非法用户。

2. 数字指纹的分类

不同的评判标准对应不同的分类，数字指纹大致分为以下几种类型。

1）基于指纹检测灵敏度的分类

依据对非法拷贝检测的灵敏程度，将指纹分为完美指纹（perfect fingerprinting）、统计指纹（statistical fingerprinting）及门限指纹（threshold fingerprinting）（张玲等，2012）。对完全指纹进行任何修改都会导致其难识别或指纹载体不可用。统计指纹是以概率论知识为基础，发行商通过较高的可信度来确认非法拷贝中的非法分发者。门限指纹是上述两种指纹类型的综合，它容许数字拷贝在一定程度上的非法使用，即一定程度为门限值，当在这个门限值以内时，不对其进行处理，否则追踪检测非法拷贝者。

2）基于指纹数据值的分类

按照指纹编码类型，将指纹分为离散指纹（discrete fingerprinting）和连续指纹（continuous fingerprinting）（吕文清等，2017）。离散指纹的指纹序列是有限的离散取值，而连续指纹的指纹序列是某个区间的实数序列。

3）基于密码学理论的分类

依据密码学研究内容可以将指纹分为对称指纹（symmetric fingerprinting）、非对称指纹（asymmetric fingerprinting）以及匿名指纹（anonymous fingerprinting）（曹鹏和李乔良，2011）。

1.3.2 对称指纹技术

对称指纹方案中，数据分发单位根据用户相关信息生成指纹，并将指纹嵌入拷贝数据中，当数据分发单位发现非法传播的数据时，根据该嫌疑数据中的指纹信息追踪到叛逆者（Boneh and Shaw，1995）。但在这一模式下，数据分发单位和用户都拥有含指纹的数据拷贝，这样可能会出现不诚实的数据分发单位诬陷合法用户的情况。

1.3.3 非对称指纹技术

针对对称指纹的缺陷，本书提出了非对称指纹，非对称指纹方案中发行商知道部分指纹信息，而消费者知道全部指纹信息，引入一个可信的第三方机构充当仲裁，当出现非法拷贝时，销售商可以通过仲裁来确认是否为消费者非法传播并找出叛逆者（Pfitzmann and Schunter，1996）。对称指纹和非对称指纹中都会出现用户身份信息泄露的现象，侵犯用户隐私。为解决对称指纹与非对称指纹出现的问题，本书提出匿名指纹，它引入一个权威认证中心来注册登记消费者的身份信息，从而保护消费者的个人信息，在不泄露消费者隐私信息的基础上识别非法用户。

1.3.4 数字指纹评价指标

1. 数字指纹攻击方式

数字指纹攻击方式和抗攻击方法研究是相互促进的，合谋攻击方法和策略的革新和提高，必然也会推动高抵抗力的抗合谋攻击指纹方案的出现。只有充分研究和分析指纹攻击方法和策略，才能设计出更加有效的数字指纹算法，为矢量空间数据版权提供有效保护。

按参与攻击的人数的不同，数字指纹的攻击方式可分为两类：一类是单用户对其含指纹数据进行各种攻击，以达到擦除指纹或诬陷其他合法用户的目的，称为单用户稳健性攻击；另一类是多个用户通过比较他们数据的不同，然后通过某些策略或方法得到一个新的含隐藏信息的数据，这种隐藏信息有可能是一个没有参与合谋的用户的数据指纹，这种攻击称为合谋攻击。

1）单用户稳健性攻击

单个用户通过对其拥有的含指纹数据进行各种操作，以达到去除指纹或诬陷他人的目的，这种攻击称为单用户攻击，这类攻击在原理上与数字水印所遭受的稳健性攻击大致相同。不同于图像数字指纹的稳健性攻击,针对矢量空间数据的稳健性攻击主要包括压缩攻击、噪声攻击、增删点攻击、裁剪攻击、平移、旋转、缩放攻击和格式转换攻击等。针对此类攻击的抵抗研究,主要集中于数字指纹嵌入策略的研究。

2)合谋攻击

合谋攻击是一种针对数字指纹的特殊攻击,指多个拥有含指纹数据的用户串通起来,通过对比其数据的不同,从而找出数据中的部分指纹嵌入位置,对这些位置进行修改,构造出一种新的数据拷贝,将其分发进行非法牟利,并期望可以躲避追踪,这一过程称为合谋攻击。该攻击主要通过抗合谋攻击指纹编码来解决。

用户合谋攻击时,可以选择不同的策略,但一般会选择使他们被抓获可能性最小,又或是成功陷害某个用户概率最大的策略。合谋攻击可以理解为合谋运算,这类运算可以是简单的代数运算,也可以是逻辑运算、统计运算,还可以是多种运算的组合运算。

当前,常见的合谋攻击有线性合谋攻击和非线性合谋攻击两种,为方便叙述,假设 M 个用户中存在 K 个合谋用户,合谋者的集合为 $S_c\{i_1,i_2,\cdots,i_k\}$,对每个用户 $u^{(i)}$ 生成的指纹记为 $w^{(i)}$($i=1,2,\cdots,M$)。则嵌入指纹的数据中被修改位置的数据为 $X_j^i = S_j + \alpha w^{(i)}$,其中 α 为指纹嵌入强度。合谋者的数据集合为 $\left\{X^{(k)}\right\}_{k \in S_c}$,通过不同的合谋运算生成最终的合谋数据 V_j。下面将对这两种攻击方案进行介绍。

(1)线性合谋攻击。

在连续指纹编码中线性合谋攻击是较为常用的合谋方法之一。当 K 个用户进行合谋攻击时,只需要将它们的 K 个拷贝以一定权重进行相互叠加,即能得到合谋数据,得到的合谋数据中各合谋用户的指纹信息都被有效削弱。平均攻击是当前主要的线性合谋攻击方法,由于在这种攻击方式下,每个攻击者承担的风险是平均的,因此该攻击方式常常被用来构造合谋数据。平均攻击的具体实现流程如图1.6所示。

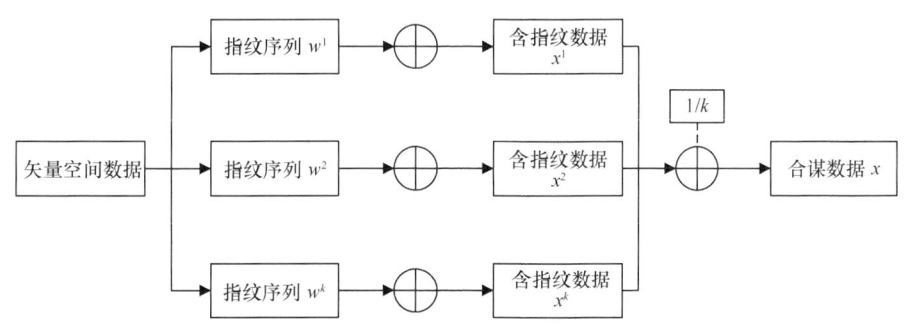

图1.6 平均合谋攻击

(2)非线性合谋攻击。

指纹信息被修改的越多就越难以追踪到叛逆者,因此合谋用户常常还会使用其他的一些非线性的攻击方式。非线性合谋攻击一般选取指纹位置上的最大值、最小值、中值等，在不影响数据质量的情况下，对这些值进行单独或组合取值形成新的指纹拷贝。下面将介绍几种常见的非线性合谋攻击方式。

最大值攻击方式，如式（1.6）所示：

$$V_j^{\max} = \max\left(\left\{X_j^{(k)}\right\}_{k \in S_c}\right) \tag{1.6}$$

最小值攻击方式，如式（1.7）所示：

$$V_j^{\min} = \min\left(\left\{X_j^{(k)}\right\}_{k \in S_c}\right) \tag{1.7}$$

中值攻击方式，如式（1.8）所示：

$$V_j^{\text{med}} = \text{med}\left(\left\{X_j^{(k)}\right\}_{k \in S_c}\right) \tag{1.8}$$

最大最小值攻击方式，如式（1.9）所示：

$$V_j^{\max\_\min} = \frac{\left(V_j^{\max} + V_j^{\min}\right)}{2} \tag{1.9}$$

修改的负性攻击：选取数据中对应位置的最大值、最小值以及中值，然后将最大值和最小值相加再减去中值得到新的拷贝，该攻击方式如式（1.10）所示：

$$V_j^{\text{mod}} = V_j^{\max} + V_j^{\min} - V_j^{\text{med}} \tag{1.10}$$

随机负性攻击方式，如式（1.11）所示：

$$V_j^{\text{rand}} = pV_j^{\max} + (1-p)V_j^{\min} \tag{1.11}$$

2. 数字指纹评价指标

结合现有的数字指纹系统的目的及应用场景，总结出数字指纹系统的几个评价标准（刘文龙等，2015），具体如下。

1）唯一性

数字指纹系统在两个不同时刻或者两个不同环境中，对于同一个数据文件，生成或提取的数字指纹必须保持一致，即数字指纹系统不能随着时间或环境变化而表现出差异。

2）隐蔽性

载体数据嵌入数字指纹信息必须具有隐蔽性，不能出现可感知上的差异，影响载体数据的正常使用。其衡量方式包括主观视觉分析和客观定量评价。

3）鲁棒性

嵌入的指纹信息在遭遇传输过程中的攻击处理操作后，仍然能够准确地提取出来，起到证明作品的所有权或追踪叛逆者的作用。

4）抗共谋攻击

抗共谋攻击能力是衡量一个数字指纹系统的关键性因素。

5）效率

数字指纹算法应具有很好的效率，才能满足用户生产应用的需求、具有市场前景。

1.4 小　　结

本章首先对地理空间数据安全的概念进行界定，明确了地理空间数据安全涵盖数据保密性、数据完整性、数据可用性、数据共享与使用的合规性、风险评估与管理、应急响应与恢复；然后分别从管理制度层面和技术手段层面详细阐述了地理空间数据安全体系；最后对地理空间数据安全的现状及研究意义进行了综述；这些工作为地理空间数据的版权保护技术及方法研究提供了理论基础和方向指引。

本章对数字水印技术的概念进行界定，并对数字水印算法基本流程、分类和特征进行了阐述；然后分别对鲁棒水印技术、脆弱水印技术、零水印技术进行了介绍；最后从水印算法的基本攻击方式和水印算法评估方法两个方面对水印算法的评价指标进行了详细的论述。

本章还对数字指纹技术的概念进行界定，并对数字指纹技术的基本流程、分类和特性进行了阐述；然后分别对对称指纹技术、非对称指纹技术进行简要介绍；最后基于数字指纹的常见攻击方式和合谋攻击方式对指纹算法的评价指标进行了论述。

第 2 章 矢量空间数据零水印算法

传统的空域、频域水印嵌入型水印算法，均需要将水印信息直接或间接地嵌入矢量地理空间数据中，这不可避免地降低了矢量地理空间数据的精度。一般的矢量地理空间数据具有一定的数据冗余，精度要求较低，传统的嵌入型水印算法能够满足其版权保护需要。而高精度矢量地理空间数据冗余度小，精度要求高，数据的轻微扰动可能影响其正常使用。因此，嵌入型水印算法无法适应高精度矢量地理空间数据版权保护的需要。零水印技术因无须向矢量地理空间数据嵌入水印信息，能够适应高精度矢量地理空间数据版权保护的需要（梁伟东等，2018），已成为当前研究的热点。

2.1 基于分布中心的矢量空间数据零水印算法

该算法的基本思想是：首先，对矢量空间数据的最小外接矩形进行平均分块；其次，计算每个格网中的点到其算术平均值中心的距离及格网内所有距离的平均值；然后，将距离平均值与每个距离进行比较，若某点到其算术平均值中心的距离大于等于距离平均值，将该点记为 1，否则将该点记为 0；接着统计每个格网内 0 和 1 的数量，若 1 的数量多于 0 的数量，则该格网用 1 表示，否则用 0 表示；最后，将生成的二值特征序列与置乱后的水印图像进行逻辑异或运算，从而构造出零水印图像。零水印构造的原理如图 2.1 所示。

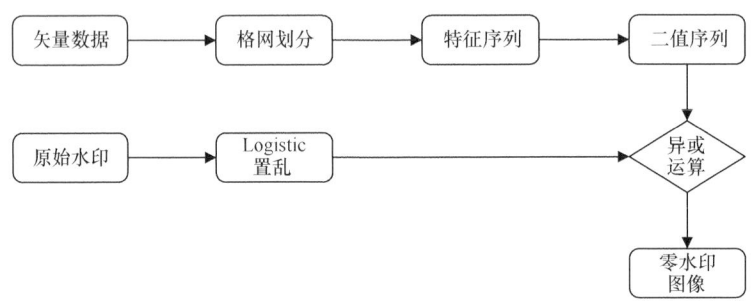

图 2.1 零水印构造原理图

2.1.1 零水印构造与检测

1. 零水印的构造

1）水印图像的置乱

原始水印信息按内容一般分为有意义水印和无意义水印两种，有意义水印主要选择数据的版权标识等具有实际意义的内容作为水印信息，其优势在于当水印受到攻击损坏时，仍然可以通过肉眼观察来确认是否含有水印；无意义水印则只是一个序列号，不能直观地判定版权归属。因此，本书选择以版权标识图像作为原始水印信息。

为增强水印的安全性、消除水印在空间上的相关性以增强算法对裁剪攻击的鲁棒性，在零水印图像构造前先对原始水印进行置乱操作。目前应用较多的置乱方法主要有 Logistic 混沌映射、Arnold 变换、幻方变换等，由于 Logistic 混沌映射对初值及参数极为敏感，置乱后的水印具有良好的随机性和安全性，同时 Logistic 混沌映射计算简单、实现容易，因此，本书采用 Logistic 混沌映射对原始水印图像进行置乱处理。

Logistic 混沌映射是一种经典的非线性动力系统，其特点是对初值及参数极为敏感，初值只要有微小的改动，所得结果也将完全不同（Ye et al., 2023），其公式如下所示：

$$x_{n+1} = \tau x_n (1 - x_n) \tag{2.1}$$

其中，$x_n \in (0,1)$，$0 \leqslant \tau \leqslant 4$，当 $3.569945 \leqslant \tau \leqslant 4$ 时，Logistic 映射工作处于混沌状态，即由不同初值生成的序列是非周期、不收敛、不相关的。

应用 Logistic 混沌映射对水印图像置乱的步骤如下。

步骤 1：应用式（2.1）产生一个长度为 M 的序列 L，M 为原始水印图像的长度；

步骤 2：将 L 进行排序，产生一个有序的 L 序列和对应位置的 index；

步骤 3：对原始水印图像 wm 进行置乱，其公式如下所示：

$$\text{wm}'(i) = \text{wm}(\text{index}(i)), 1 \leqslant i \leqslant M \tag{2.2}$$

图 2.2（a）为原始水印图像，图 2.2（b）为应用 Logistic 混沌映射置乱后的图像，可见置乱后的水印图像消除了空间上的相关性，无法直观地从置乱后的图像中得到原始版权标识信息，具有很好的安全性。

 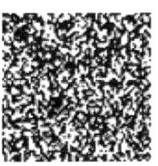

(a)原始水印　　　　(b)置乱后水印

图 2.2　应用 Logistic 混沌映射的水印置乱

2）格网划分

为更好地提取矢量空间数据的特征信息，反映数据的局部信息，采用格网划分的方法将顶点划分成多个格网单元。首先，读取矢量空间数据，得到所有坐标点的最大值与最小值，即 $X_{\min}$、$Y_{\min}$、$X_{\max}$、$Y_{\max}$；然后，用得到的最大值点和最小值点的横坐标和纵坐标构成矢量空间数据的最小外接矩形（minimum Bounding Rectangle，MBR），最小外接矩形具有一定的稳定性，一般很少受到攻击（Xiong et al., 2021）；最后，以矢量空间数据的 MBR 为划分格网的基础，将 MBR 划分成大小相同的格网，格网划分的大小与水印图像的大小相同(64×64)，格网划分方式如图 2.3 所示。

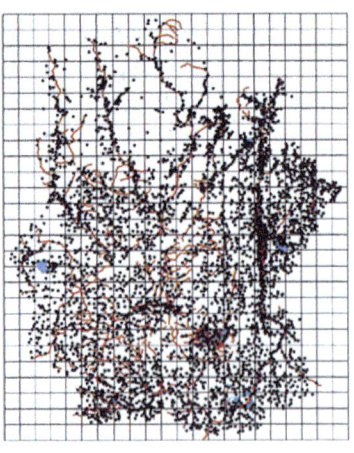

图 2.3 格网划分方式示意图

3）特征提取

零水印算法的核心是数据特征序列的生成，即特征数据的提取。为精细刻画矢量空间数据的特征，选择矢量空间数据的分布中心、距离两个因子构造矢量空间的特征序列，具体过程如下。

（1）算术平均值中心。

矢量空间数据水印算法通常根据矢量空间数据的几何形态、属性信息等来构造特征数据，但很少有研究者利用其空间分布特征来构造特征数据。空间分布是从总体的、全局的角度来描述空间变量和空间物体的特性，矢量空间数据中点、线、面数据都可以理解为分布对象，其分布的区域主要有线和面，分布的方式有离散和连续两种。空间分布可以用分布密度、平均值、极值等参数进行描述，而对于面状分布的离散点，其分布中心是一个重要的参数，它可以概略地表示分布总体的位置。空间数据分布中心可通过算术平均值中心、加权平均值中心、中位数中心和极值中心描述，由于算术平均值中心没有考虑坐标点之间的差异，具有更广泛的适用性，因此采用算术平均值中心来描述矢量空间数据的分布中心。

设有一份矢量空间数据 V_i，其平面位置为 (X_i, Y_i)，其算术平均值中心 O 计算公式为

$$\begin{cases} O_x = \dfrac{\sum\limits_{i=1}^{n} X_i}{n} \\ O_y = \dfrac{\sum\limits_{i=1}^{n} Y_i}{n} \end{cases} \quad (2.3)$$

式中，O_x、O_y 分别为单元格顶点平均中心的坐标；X_i、Y_i 分别为第 i 个点的 X、Y 坐标；n 为格网内的点数。

由于矢量空间数据并不总是规则分布的，随机分布的状态更为常见，所以计算矢量空间数据算术平均值中心时会出现某些格网内没有坐标点，需要跳过该格网，不计算该

格网内的算术平均值中心。

（2）距离。

空间关系特别是空间距离关系是空间数据特征描述中的重要因子，基于空间数据距离特性构造零水印可以进一步刻画矢量空间数据的特征。统计学中有许多距离计算方式，但在空间分析中使用最多的是欧氏距离，因此计算每个格网内的顶点与该格网的算术平均值中心的距离 d_i 时采用欧氏距离计算，其计算公式如下：

$$d_i = \sqrt{(x_i - o_x)^2 + (y_i - o_y)^2}, i = 1, 2, \cdots, n \tag{2.4}$$

为使特征数据既能精细刻画数据的局部特征，又能同时兼顾数据的全局特征，同时计算出距离 d_i 的平均值 D，从而实现对数据距离特征的全局描述，其计算公式如下：

$$D = \frac{\sum_{i=1}^{n} d_i}{n}, i = 1, 2, \cdots, n \tag{2.5}$$

（3）特征矩阵生成。

利用矢量空间数据中每个顶点到其所在格网算术平均值中心的距离与距离的平均值间的大小关系来构造一个二值序列 M，其计算公式如下：

$$\begin{cases} M = 1, d_i \geqslant D \\ M = 0, d_i < D \end{cases} \tag{2.6}$$

将得到的二值序列压缩为大小与水印图像大小相同的二值矩阵(64×64)，压缩策略为统计每个格网内 0 和 1 的数量，若格网内 1 的数量占多数，该格网的值设为 1，反之设置为 0。

4）零水印图像的构造

零水印图像的构造是将原始水印与提取的特征数据进行结合，其构造过程描述如下。

步骤 1：将原始水印图像 $W(i,j)$ 应用 Logistic 混沌映射进行置乱，置乱后的水印图像记为 W'，其大小与原始水印大小相同；

步骤 2：利用上述特征提取过程得到矢量空间数据的特征矩阵，该矩阵大小与置乱后的水印图像大小相同；

步骤 3：将得到的特征矩阵与 Logistic 混沌映射置乱后的水印图像进行逻辑异或运算，得到零水印图像，记为 W^*，其计算过程如下式所示：

$$W^* = M \oplus W' \tag{2.7}$$

式中，$\oplus$ 表示按位异或运算。

2. 零水印的检测

零水印的检测是构造过程的逆过程，具体过程描述如下。

步骤 1：对待测矢量空间数据进行格网划分，格网大小与原始水印图像大小相同。

步骤 2：计算每个格网内坐标点的算术平均值中心，并计算每个点到该算术平均值

中心的距离 d_i。

步骤 3：计算所有 d_i 的平均值，并将每个点到其相应格网内算术平均值中心的距离 d_i 与所有距离的平均值 D 进行比较，并统计每个格网内 $d_i \geqslant D$ 的坐标点数量和 $d_i < D$ 的坐标点数量，若 $d_i \geqslant D$ 的坐标点数量占优势，则该格网被赋值为 1，反之，该格网的值赋为 0，从而生成一个 64×64 的二值矩阵。

步骤 4：将零水印图像与由待检测数据生成的特征矩阵进行逻辑异或运算，得到置乱的水印信息，然后对其进行 Logistic 反置乱变换，得到最终的水印信息。

2.1.2 实验与分析

以 MATLAB R2015a 为平台，对提出的零水印算法进行了实验验证。实验数据采用雅砻江南部地区水文测站矢量点数据、河网支流矢量线数据和湖泊矢量面数据，叠加显示效果如图 2.4（a）所示，其中点、线、面要素分别为 3820 个、963 个和 414 个，数据格式为 ArcGIS 的 shp 格式。实验中用的水印为 64×64 像素的二值水印图像如图 2.4（b）所示，点、线、面数据构造的零水印图像如图 2.4（c）所示。

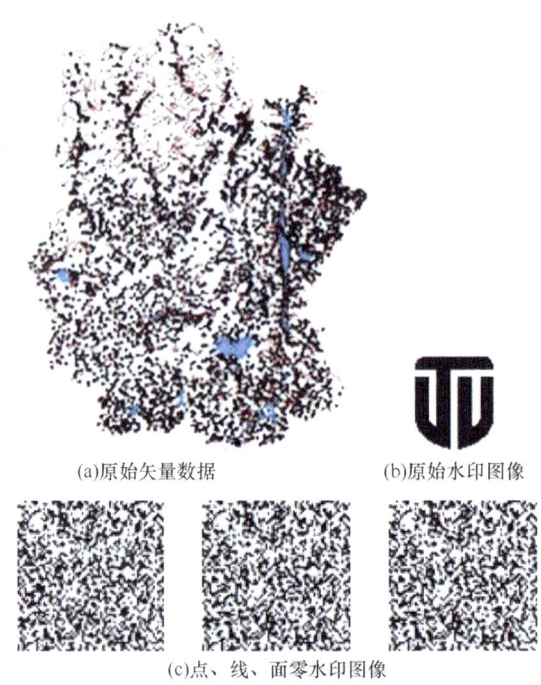

(a)原始矢量数据　　　　(b)原始水印图像

(c)点、线、面零水印图像

图 2.4　零水印构造实验结果

一般采用归一化相关系数（normalized correlation coefficient，NC）作为零水印算法鲁棒性的评价指标，对原始矢量空间数据进行随机删点、格式转换、缩放、平移及裁剪攻击后，通过计算提取的水印信息与原始水印的 NC 值，来度量算法的鲁棒性。NC 值的计算公式为

$$\text{NC} = \frac{\sum_{i,j} \left(W_{i,j} * W'_{i,j} \right)}{\sqrt{\sum_{i,j} \left(W_{i,j} \right)^2} \sqrt{\sum_{i,j} \left(W'_{i,j} \right)^2}} \quad (2.8)$$

式中，$W_{i,j}$ 表示原始水印；$W'_{i,j}$ 表示检测到的水印；NC 表示检测到的水印图像与原始水印图像之间的相似度。

1. 鲁棒性实验

首先，利用零水印构造算法对原始矢量点、线、面数据分别提取特征数据并构造零水印；其次，对矢量点、线、面数据分别进行随机删点、平移、缩放、格式转换攻击；最后，采用零水印检测算法检测水印图像，并计算不同攻击后检测的水印图像与原始图像的 NC 值，通过 NC 值衡量提取的零水印算法对上述攻击的鲁棒性。鲁棒性实验结果如表 2.1 所示。

如表 2.1 所示，对点、线、面矢量空间数据进行随机删点、平移、缩放、格式转换攻击后，该算法仍能较好地检测到水印信息，检测到的水印图像与版权标识图像的相似度较高。但由于该算法是基于格网划分构造水印的，因此无法抵抗旋转攻击。

表 2.1 鲁棒性实验

数据类型	攻击方式 攻击程度	删点攻击（随机删点 5%）	缩放攻击 缩小 2 倍	缩放攻击 放大 2 倍	平移攻击（平移 10 个单位）	格式转换（CAD 格式）
点	提取效果					
	相似度	NC=0.9924	NC=1	NC=1	NC=1	NC=1
线	提取效果					
	相似度	NC=1	NC=1	NC=1	NC=0.9993	NC=1
面	提取效果					
	相似度	NC=0.9993	NC=1	NC=1	NC=0.9990	NC=1

2. 抗裁剪攻击实验

在实际应用中通常需要对矢量空间数据进行裁剪，以获得研究区的数据，裁剪操作通常较为频繁，会造成水印信息的提取异常。为此，水印算法需有能力抵抗一定的裁剪攻击，从而满足实际需要，增强算法的实用性。

实验通过模拟研究中的裁剪操作，对研究区某一岛内数据按要素进行裁剪，以获得所需要的矢量空间数据；原始矢量空间数据与研究区矢量空间数据叠加显示效果如图

2.5（a）所示，对原始矢量点、线、面数据用研究区要素进行裁剪，裁剪后数据叠加效果如图 2.5（b）所示；然后利用裁剪后剩余数据检测水印信息，以测验算法对裁剪攻击的鲁棒性，裁剪攻击后检测到的点、线、面数据的水印信息如图 2.5（c）所示。

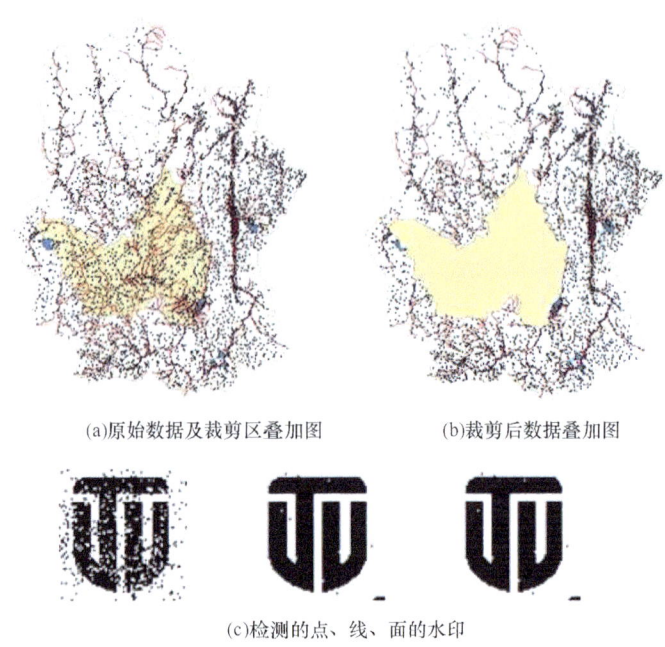

(a)原始数据及裁剪区叠加图　　(b)裁剪后数据叠加图

(c)检测的点、线、面的水印

图 2.5　裁剪攻击实验结果

对点、线、面矢量空间数据进行裁剪攻击后，检测到的水印图像与版权标识图像的相似度分别为 0.8882、0.9949、0.9951，表明该算法对裁剪攻击具有鲁棒性。但因实验中矢量点数据的数据量较小，因此抗裁剪攻击实验时实验效果不如线、面矢量数据，但检测到的水印信息与版权标识水印图像相似度仍高于 88%，所以该算法对数据量较小的矢量地理数据版权保护同样具有较好的适用性。

2.2　应用泰森多边形的矢量地理数据零水印算法

为了探索提高矢量地理数据零水印算法鲁棒性的方法，本书提出了一种应用泰森多边形的矢量地理数据零水印算法，并将归一化、道格拉斯-普克（Douglas-Peuker，D-P）算法、泰森多边形、Arnold 置乱等方法结合起来，在确保数据可用性的同时，设计出了一种安全性好、鲁棒性高的零水印算法。算法的流程图如图 2.6 所示。

该算法遵从水印生成、水印嵌入、水印提取和检测认证过程进行零水印算法构造。具体思路为：首先，对矢量地理数据进行归一化预处理，采用 D-P 算法提取矢量地理数据的特征点，并构建特征点的泰森多边形；然后，根据每个泰森多边形与相邻多边形周长的大小关系，确定其特征位为 1 或 0，运用泰森多边形周长与原始水印之间的哈希映射值，确定该特征位在序列中的位置，特征序列中每一位可能会有多个不同的特征位对应，利用投票原则确定该位置的最终值；最后，将特征序列与置乱后的水印图像序列进行异或运算，生成零水印。

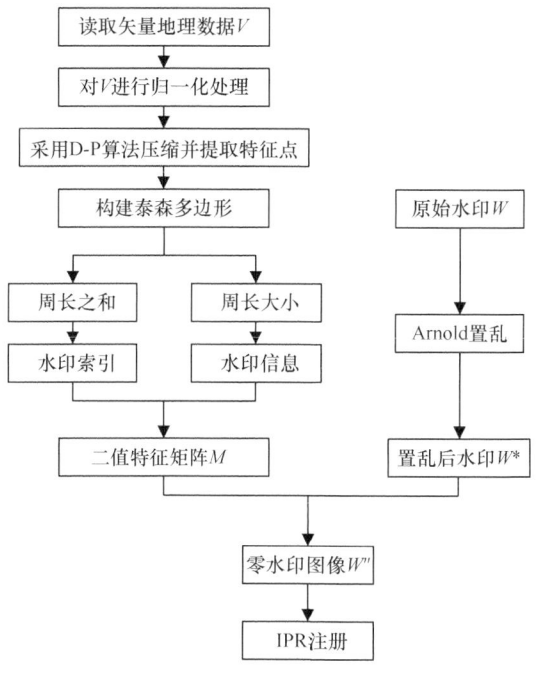

图 2.6　零水印构造流程图

2.2.1　算法步骤

1. 水印信息预处理

为了提高水印的保密性，通常在嵌入水印信息之前对它进行置乱处理，水印置乱的方法有 Arnold 置乱、混沌置乱、Hilbert 置乱等，由于 Arnold 置乱原理简单，时间复杂度较低，因此采用它对水印图像进行置乱处理（Mansouri and Wang，2021）。Arnold 置乱公式如式（2.9）所示。

$$\begin{bmatrix} x' \\ y' \end{bmatrix} = \begin{bmatrix} 1 & 1 \\ 1 & 2 \end{bmatrix} \begin{bmatrix} x \\ y \end{bmatrix} \mod(N), x, y \in \{0, 1, 2, \cdots, N-1\} \quad (2.9)$$

式中，(x, y) 为原始水印点的坐标；(x', y') 为 Arnold 置乱后水印点的坐标；mod 为取模运算；N 为水印图像的边长。由于 Arnold 变换具有一定的周期性，即多次变换后会回到原始的状态，当图像大小不同时，迭代次数也不相同。因此，在不知道图像大小的情况下很难恢复原始数据。图 2.7（a）为原始水印图像，图 2.7（b）为置乱 8 次水印图像，图 2.7（c）为置乱 12 次水印图像，图 2.7（d）为置乱 24 次水印图像。因此，该图像置乱周期为 24 次。

图 2.7 原始水印及置乱

2. 运用 D-P 算法进行特征提取

在矢量地理数据更新的过程中,为了使数据具有抗简化攻击的能力,采用 D-P 算法对矢量地理数据进行压缩(Tang et al., 2021)。分别选取合适的阈值对矢量地理数据进行压缩,提取出矢量地理数据的稳定特征点。

D-P 算法简化示意图如图 2.8 所示,图 2.8(a)为用一条直线连接曲线的起点和终点,找出其余点到直线的最大距离;图 2.8(b)依次对最大值与设定的阈值进行比较,如果该值大于阈值,则保留该点,否则删除,并在处理后用一条直线代替原来的曲线;图 2.8(c)为采用 D-P 算法压缩后生成的简化线。

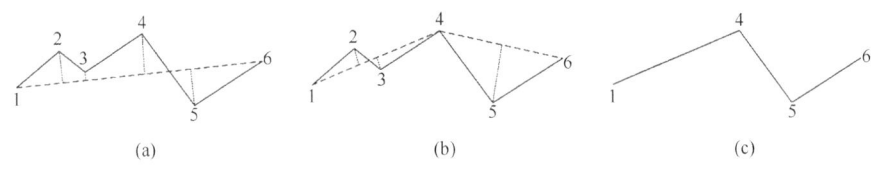

图 2.8 曲线简化原理图

3. 泰森多边形的不变特征

通过矢量地理数据特征点生成泰森多边形,每一个特征点都有一个唯一且不变的泰森多边形。

1)泰森多边形周长的不变特征

图 2.9(a)为矢量地理数据所生成的泰森多边形,图 2.9(b)为平移攻击后的泰森多边形,图 2.9(c)为旋转攻击后的泰森多边形。当对泰森多边形进行几何攻击时,它的周长大小是不会发生任何变化的(Wang et al., 2022)。因此,根据泰森多边形特征建立的水印关系是稳定可用的。

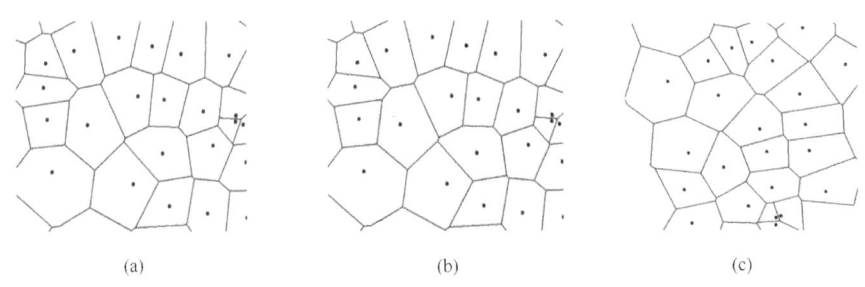

图 2.9 原始和几何变换后的局部泰森多边形

2)泰森多边形邻接关系的不变性

多边形的邻接关系可分为三种情况:重叠邻接、边邻接和点邻接。如图 2.10 所示,如果两个特征的邻接关系属于这三种情况的任何一种,则把它们视为相邻。而泰森多边形的邻接关系只有边邻接,极大地减少了判断邻接关系的复杂度。当对泰森多边形进行不同程度的平移、缩放、旋转攻击时,它的邻接关系不会发生任何变化(Lee et al., 2022),这是该算法的关键之处。

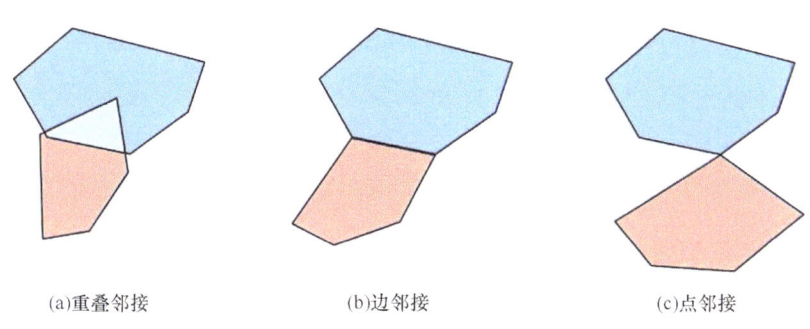

(a)重叠邻接　　　　(b)边邻接　　　　(c)点邻接

图 2.10　泰森多边形邻接关系

4. 零水印构造方案

零水印构造的过程具体如下。

步骤 1:水印信息生成。读取原始二值水印图像 W,经 Arnold 变换后的水印图像为 W',并转化为一维序列 $\{W'_i = 0,1 | i = 0,1\cdots,M-1\}$,$M$ 为水印的长度。

步骤 2:读取矢量地理数据 V 并进行归一化预处理,使用 D-P 算法对处理后的数据进行压缩,提取特征点并构建泰森多边形。

步骤 3:比较每个泰森多边形与相邻泰森多边形周长的大小关系,以确定水印信息 w_i,规则为:若该点生成的泰森多边形周长大于相邻泰森多边形周长,则记为 1,否则记为 0,然后统计 1 和 0 的数量关系确定特征位为 1 或 0,如式(2.10)和式(2.11)所示:

$$w_i = \begin{cases} 0, & \text{if } S \leqslant S_i \\ 1, & \text{if } S > S_i \end{cases} \quad (2.10)$$

式中,w_i 为水印信息。

$$w = \begin{cases} 0, & \text{if Count}(0) \geqslant \text{Count}(1) \\ 1, & \text{if Count}(0) < \text{Count}(1) \end{cases} \quad (2.11)$$

式中,w 为特征位信息。

步骤 4:对多边形周长之和 C 与水印一维序列 W'_i 建立映射关系,如式(2.12)所示:

$$\text{Hash}(x) = C \, \% M \quad (2.12)$$

步骤 5:由于会出现多个水印索引相同的情况,因此采用投票机制来确定水印位。定义一个和水印长度等长的一维序列,$\{S(i) = 0, i = 1,2,\cdots,M-1\}$,$M$ 为水印长度。单个

水印位 $s(i)$ 的设计由式（2.13）确定。对于水印索引 W_i'，如果该水印位上 1 的数量大于 0 的数量，则特征位将被记录为 1，否则，特征位将被记录为 0，如式（2.14）所示：

$$s(i)=\begin{cases}S(i)-1, & \text{if } w_i=0\\ S(i)+1, & \text{if } w_i=1\end{cases} \quad (2.13)$$

$$w_i'=\begin{cases}0, & \text{if } s(i)\leqslant 0\\ 1, & \text{if } s(i)>0\end{cases} \quad (2.14)$$

步骤 6：将生成的水印序列进行升维处理，构建二值特征矩阵 M。

步骤 7：将构建的二值特征矩阵 M 和 W_i' 进行逻辑异或运算，得到零水印图像 W''，运算规则如式（2.15）所示，并将 W'' 保存至 IPR。

$$W''=M\oplus W' \quad (2.15)$$

式中，$\oplus$ 表示逻辑异或运算。

5. 零水印检测算法

零水印的检测过程是水印构造的逆过程，通过对原始水印与提取出的水印进行比较，从而达到版权保护的目的。该算法详细步骤如下。

步骤 1：读取待检测的矢量地理数据。

步骤 2：重复零水印构造方案中步骤 2～步骤 6，生成待检测矢量地理数据的二值特征矩阵。

步骤 3：将待检测的二值特征矩阵与 IPR 中存储的零水印图像进行异或运算，生成置乱后的版权信息。

步骤 4：对置乱后的版权信息进行反置乱，得到最终的水印图像。

2.2.2 实验与分析

为了验证算法的性能，运用 Python 3.8 编程语言，在 Windows 10 平台上进行算法验证。实验数据选择的是中国部分主要河流、线状县界和公路数据，采用 D-P 算法压缩后提取的特征点个数分别为 9697 个、7428 个和 7088 个，压缩率分别为 82%、81% 和 85%。

所用的数字水印图像是写有"印"字、大小为 32×32 的二值图像，图 2.11（a）为中国部分主要河流生成的零水印图像，图 2.11（b）为中国部分界线生成的零水印图像，图 2.11（c）为中国部分公路生成的零水印图像。

图 2.11 零水印图像

1. 几何攻击

为了验证算法在几何攻击方面的鲁棒性,对矢量地理数据进行不同程度的几何攻击,然后从攻击后的矢量地理数据中提取水印信息。实验结果如表 2.2 所示,对矢量地理数据分别进行不同程度的平移、缩放、旋转攻击后,其 NC 值仍然为 1,所以该方法可完全抵抗几何攻击。

表 2.2　几何攻击实验结果

数据	攻击方式 攻击程度	平移		缩放		旋转	
		沿 X 平移 10000 m	沿 Y 平移 10000 m	0.4	1.5	30°	70°
a	提取效果	印	印	印	印	印	印
	相似度	NC=1.000	NC=1.000	NC=1.000	NC=1.000	NC=1.000	NC=1.000
b	提取效果	印	印	印	印	印	印
	相似度	NC=1.000	NC=1.000	NC=1.000	NC=1.000	NC=1.000	NC=1.000
c	提取效果	印	印	印	印	印	印
	相似度	NC=1.000	NC=1.000	NC=1.000	NC=1.000	NC=1.000	NC=1.000

2. 裁剪攻击

在实际应用的过程中,为了获得实际所需的矢量地理数据,通常会对矢量地理数据进行裁剪操作,因此水印算法要对裁剪攻击具有较好的鲁棒性。对矢量地理数据分别进行 10%、20%、30%、40%、50%不同程度的裁剪攻击。实验结果如表 2.3 所示,NC 值随着裁剪的比例增加而减小,但即使裁剪了 50%,NC 值仍然大于 0.8。因此,该算法对裁剪攻击具有较好的鲁棒性。

表 2.3　裁剪攻击实验结果

数据	攻击方式 攻击程度	裁剪				
		10%	20%	30%	40%	50%
a	提取效果	印	印	印	印	印
	相似度	NC=0.960	NC=0.900	NC=0.890	NC=0.860	NC=0.850
b	提取效果	印	印	印	印	印
	相似度	NC=0.920	NC=0.870	NC=0.840	NC=0.830	NC=0.810
c	提取效果	印	印	印	印	印
	相似度	NC=0.970	NC=0.940	NC=0.900	NC=0.870	NC=0.850

3. 增点攻击

矢量地理数据在传播过程中可能会遇到节点增加的情况，因此对矢量地理数据按照距离分别进行10%、20%、30%、40%、50%不同程度的增加点攻击。由表2.4可知，即使增加了50%的顶点坐标，其NC值仍然为1，所以该算法对增加顶点攻击具有很好的鲁棒性。

表 2.4 增加顶点攻击实验结果

数据	攻击方式\攻击程度	增加点 10%	20%	30%	40%	50%
a	提取效果	印	印	印	印	印
	相似度	NC=1.000	NC=1.000	NC=1.000	NC=1.000	NC=1.000
b	提取效果	印	印	印	印	印
	相似度	NC=1.000	NC=1.000	NC=1.000	NC=1.000	NC=1.000
c	提取效果	印	印	印	印	印
	相似度	NC=1.000	NC=1.000	NC=1.000	NC=1.000	NC=1.000

4. 简化攻击

在矢量地理数据更新的过程中，不可避免地要对数据进行简化操作，从而得到符合实际要求的矢量地理数据，因此水印算法要对简化攻击具有较好的鲁棒性。在不影响矢量地理数据使用价值的情况下，对它分别进行 10%、20%、30%、40%、50%不同程度的简化攻击。如表 2.5 所示，因为实验所选的压缩阈值远远大于可容忍的压缩程度，所以简化攻击对水印的提取不会产生任何影响。因此，该算法对简化攻击也具有良好的鲁棒性。

表 2.5 简化攻击实验结果

数据	攻击方式\攻击程度	压缩 10%	20%	30%	40%	50%
a	提取效果	印	印	印	印	印
	相似度	NC=1.000	NC=1.000	NC=1.000	NC=1.000	NC=1.000
b	提取效果	印	印	印	印	印
	相似度	NC=1.000	NC=1.000	NC=1.000	NC=1.000	NC=1.000
c	提取效果	印	印	印	印	印
	相似度	NC=1.000	NC=1.000	NC=1.000	NC=1.000	NC=1.000

2.3 运用奇异值分解的矢量地理数据零水印算法

考虑目前鲜有可以同时适用于点、线和面数据的矢量地理数据零水印算法，本书提出一种运用奇异值分解的矢量地理数据零水印算法。由于点要素没有距离和角度等其他几何特征，因此特征矩阵的生成需要依赖点要素的顶点坐标。

格网划分可以有效抵抗裁剪攻击，故在生成特征矩阵之前对原始矢量地理数据进行均匀格网划分（Starczewski et al., 2021）。同时，对每一个分块内的顶点坐标进行归一化预处理，再使用归一化后的顶点坐标构建向量。由于奇异值分解可以有效抵抗矩阵的较小扰动，因此利用奇异值分解的方法对构建的向量进行分解可以有效针对增删点攻击导致的矩阵扰动（Phalippou et al., 2020）。

综上所述，利用分块对裁剪攻击的鲁棒性、归一化对平移和缩放的不变性和奇异值分解对矩阵扰动的稳定性，提出一种适用于矢量地理点、线和面数据的零水印算法。

2.3.1 零水印的构造

零水印图像的构造过程如下。

步骤 1：利用 Arnold 变换置乱原始水印图像。同时，构建矢量地理数据的最小外接矩形（MBR），并根据水印大小对 MBR 进行平均分块。

步骤 2：选择每一个格网的左下点和右上点的坐标值作为局部最小值和最大值，这两个点是格网的边界点，并非实际存在的顶点，在此基础上，利用最小–最大归一化的方法分别计算该格网内每一个顶点在 X 和 Y 方向上的归一化值。

步骤 3：把基于 X 和 Y 的归一化值分别构建两个向量，并对向量进行奇异值分解，将生成的两个奇异值矩阵中唯一的奇异值进行大小比较，生成与水印大小相同的二值特征矩阵。

步骤 4：将二值特征矩阵与置乱后的水印进行异或运算，构造零水印图像。

零水印图像构造过程如图 2.12 所示。

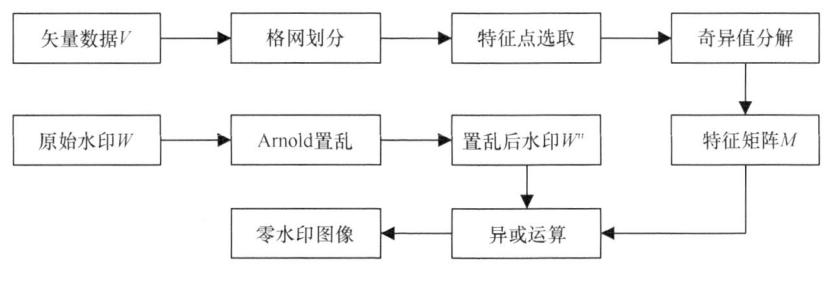

图 2.12 零水印构造流程图

1. 特征矩阵的生成

由于格网划分可以有效抵抗裁剪攻击，因此在提取特征矩阵之前，运用矢量地理数据构建 MBR，并对 MBR 进行均匀格网划分（王帅等，2022；吕文清等，2017）。具体步骤如下。

步骤 1：读取矢量地理数据 V 的顶点坐标，计算所有顶点坐标的最小值和最大值，分别为 $X_{\min}$、$Y_{\min}$、$X_{\max}$ 和 $Y_{\max}$。

步骤 2：利用顶点坐标的最小值和最大值构建矢量地理数据的 MBR。

步骤 3：根据水印图像的大小，对 MBR 进行均匀格网划分，划分后的格网数量和水印像素数量保持一致。

格网划分方法为：设 d_x 和 d_y 分别为 X 方向和 Y 方向上的单元格网长度，计算公式如式（2.16）和式（2.17）所示。

$$d_x = (X_{\max} - X_{\min})/M \qquad (2.16)$$

$$d_y = (Y_{\max} - Y_{\min})/N \qquad (2.17)$$

然后分别计算每一个格网的左下点和右上点坐标，如式（2.18）~式（2.21）所示：

$$x_{l(i,j)} = X_{\min} + d_x \times (i-1) \qquad (2.18)$$

$$y_{l(i,j)} = Y_{\min} + d_y \times (j-1) \qquad (2.19)$$

$$x_{r(i,j)} = X_{\min} + d_x \times i \qquad (2.20)$$

$$y_{r(i,j)} = Y_{\min} + d_y \times j \qquad (2.21)$$

式中，$x_{l(i,j)}$ 和 $y_{l(i,j)}$ 分别为左下点的横坐标和纵坐标；$x_{r(i,j)}$ 和 $y_{r(i,j)}$ 分别为右上点的横坐标和纵坐标；M 和 N 表示水印图像的大小；(i,j) 表示分块序列，$i,j \in \{1,2,\cdots,64\}$。图 2.13 为格网划分和局部最值点选取的示意图。

在图 2.13 中，基于顶点 A、B 和 C 构建了矢量地理数据的 MBR，点 D 和 E 分别表示单个分块中的最小值和最大值坐标，也就是进行归一化时需要的最小值和最大值。

当矢量地理数据的 MBR 构建完成以后，接下来就生成特征矩阵，流程如下。

步骤 1：为了避免构建的向量经奇异值分解后 X 或 Y 方向上奇异值过大，导致二值特征矩阵 1 和 0 分布不均匀，甚至出现二值特征矩阵全为 1 或 0 的情况，在生成特征序列之前，以每一个格网为单元，以左下点和右上点的坐标值当作局部最小值和最大值，对该格网进行归一化处理，归一化公式如式（2.22）所示：

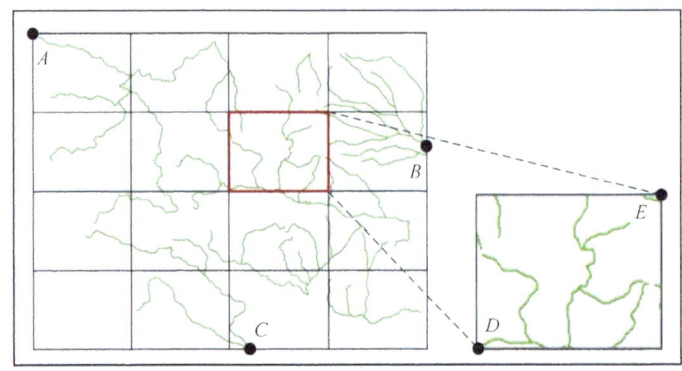

图 2.13　格网划分和局部最值点选取

$$x'_{(i,j)} = \frac{x_{(i,j)} - x_{l(i,j)}}{x_{r(i,j)} - x_{l(i,j)}} \quad (2.22)$$

式中，$x_{(i,j)}$ 为该格网内点的横坐标的集合；$x_{l(i,j)}$ 和 $x_{r(i,j)}$ 分别为该格网左下点和右上点横坐标，即该格网的最小值和最大值；$x'_{(i,j)}$ 为归一化后的值，这个集合的值被映射在 $[0,1]$，(i,j) 表示分块序列，$i,j \in \{1,2,\cdots,64\}$。同理，纵坐标的归一化方法和横坐标的一致，纵坐标归一化后的值记为 $y'_{(i,j)}$。

步骤 2：将 $x'_{(i,j)}$ 和 $y'_{(i,j)}$ 分别构建向量，记为 $Cx_{(i,j)}$ 和 $Cy_{(i,j)}$，对 $Cx_{(i,j)}$ 和 $Cy_{(i,j)}$ 分别进行奇异值分解，奇异值分解具有良好的稳定性，增加和删除部分顶点坐标不会对奇异值分解的结果产生较大影响。以 $Cx_{(i,j)}$ 为例，如式（2.23）所示：

$$Cx_{(i,j)} = Ux_{(i,j)} \sum x_{(i,j)} Vx_{(i,j)}^{\mathrm{T}} \quad (2.23)$$

式中，$Cx_{(i,j)} \in R^{M \times N}$；$Ux_{(i,j)} \in R^{M \times N}$；$Vx_{(i,j)} \in R^{M \times N}$，$Ux_{(i,j)}$ 和 $Vx_{(i,j)}$ 属于正交矩阵；对角矩阵 $\sum x_{(i,j)} = \mathrm{diag}(\sigma_1, \sigma_2, \cdots, \sigma_N)$，并且 $\sigma_1 \geq \sigma_2 \geq \cdots \geq \sigma_N$；$Cy_{(i,j)}$ 奇异值分解后的奇异值矩阵记为 $\sum y_{(i,j)}$，本章中 M 取 1，N 为该格网中顶点的个数。

步骤 3：取出 $\sum x_{(i,j)}$ 和 $\sum y_{(i,j)}$ 的第一个奇异值进行比较，分别记为 σx 和 σy，若 σx 大于 σy，则该格网取 1，否则该格网取 0，将得到的 1、0 序列构建成 0、1 二值矩阵，记为 M。

2. 零水印图像的构造

零水印图像的构造过程具体如下。

步骤 1：将原始水印图像记为 W，经 Arnold 置乱后的原始水印图像记为 W'。

步骤 2：将构建的二值特征矩阵记为 M。

步骤 3：将 M 和 W' 进行逻辑异或运算，得到零水印图像 W^*，如式（2.24）所示：

$$W^* = M \oplus W' \quad (2.24)$$

式中，$\oplus$ 表示逻辑异或运算。

2.3.2 零水印的检测

零水印的检测是构造过程的逆过程，具体过程如下。

步骤 1：读取待检测矢量地理数据 V'。

步骤 2：重复零水印构造方案中 MBR 构建和特征提取的步骤，从待检测的矢量地理数据 V' 中生成特征矩阵，记为 M'。

步骤 3：将 M' 和零水印图像 W^* 进行逻辑异或运算，得到置乱的水印图像 W'。

步骤 4：将 W' 根据 Arnold 变换进行反置乱，得到原始水印图像 W，即版权信息。

2.3.3 实验与分析

为验证算法的性能,在 Windows10 操作系统上采用 Python3.7 进行仿真实验。图 2.14 分别为三幅所用的矢量地理数据图,其中点数据为中国部分学校离散点数据,线数据为中国部分河流数据,面数据为中国部分县界数据。水印为含有"数字水印"字样,大小为 64×64 的图像,图 2.15 分别为点、线和面数据生成的三幅零水印图像,表 2.6 为对应实验数据的基本信息。

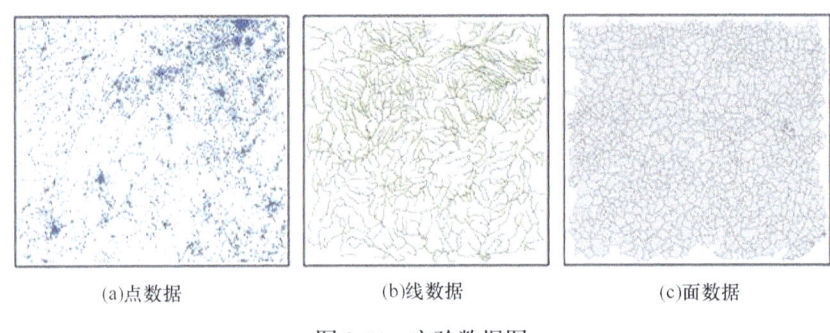

图 2.14 实验数据图

图 2.15 零水印图像构造结果

如表 2.6 所示,实验数据的基本信息包括数据类型、数据格式、要素个数、顶点个数以及文件大小。

表 2.6 实验数据基本信息

数据类型	数据格式	要素个数	顶点个数	文件大小/kb
点	Shapefile	12896	12896	352
线	Shapefile	1152	37884	656
面	Shapefile	851	51852	867

1. 几何攻击实验及分析

为了验证提出的算法在几何攻击方面的鲁棒性,对三组实验数据分别进行任意程度的平移和缩放攻击,实验结果如表 2.7 所示。由表 2.7 的 NC 值可知,算法对矢量地理点、线和面数据进行任意程度的平移和缩放后,提取到的 NC 值均为 1。因此,该算法对平移和缩放攻击具有良好的鲁棒性。但是,由于本算法采用格网划分,当对矢量地理数据进行旋转后,其 MBR 会发生较大变化,提取不到有效水印信息,因此对旋转攻击不具有鲁棒性。

表 2.7 几何攻击实验结果

数据类型	攻击方式 攻击程度	平移 沿 X 平移 1000 m	平移 沿 Y 平移 1000 m	平移 沿 XY 平移 2000 m	缩放 0.5	缩放 2
点	提取效果	水数印字	水数印字	水数印字	水数印字	水数印字
点	相似度	NC=1.000	NC=1.000	NC=1.000	NC=1.000	NC=1.000
线	提取效果	水数印字	水数印字	水数印字	水数印字	水数印字
线	相似度	NC=1.000	NC=1.000	NC=1.000	NC=1.000	NC=1.000
面	提取效果	水数印字	水数印字	水数印字	水数印字	水数印字
面	相似度	NC=1.000	NC=1.000	NC=1.000	NC=1.000	NC=1.000

2. 裁剪攻击实验及分析

在数据实际应用中,为了获取研究区域的数据,通常需要对数据进行裁剪。一般来说,矢量地理数据经过裁剪后,会破坏水印信息并影响水印信息的提取。该算法验证实验中,对矢量地理点、线和面数据分别进行 10%~50%的不同程度裁剪,结果如表 2.8 所示。随着裁剪幅度的增大,提取到的水印信息 NC 值越来越小,但即使裁剪 50%的矢量地理数据后,依然可以提取到 NC 值大于 0.8 的水印图像,因此该算法对裁剪攻击具有良好的鲁棒性。

表 2.8 裁剪攻击实验结果

数据类型	攻击方式 攻击程度	裁剪 10%	裁剪 20%	裁剪 30%	裁剪 40%	裁剪 50%
点	提取效果	水数印字	水数印字	水数印字	水数印字	水数印字
点	相似度	NC=0.970	NC=0.939	NC=0.898	NC=0.872	NC=0.844

续表

数据类型	攻击方式 攻击程度	裁剪				
		10%	20%	30%	40%	50%
线	提取效果					
	相似度	NC=0.948	NC=0.906	NC=0.873	NC=0.833	NC=0.808
面	提取效果					
	相似度	NC=0.967	NC=0.926	NC=0.886	NC=0.845	NC=0.820

3. 增删点攻击实验及分析

矢量地理数据零水印算法需要对顶点增删攻击具有良好的鲁棒性。由于点类型数据中，点要素之间相互独立，因此对点数据随机增加顶点，而线数据和面数据是按照距离进行增密。由表 2.9 可知，点数据经过大幅度增加点要素后，NC 值会降低，但是即使增加 30%的冗余顶点，依然可以提取出 NC 值大于 0.8 的水印图像。同时，线数据和面数据即使增加较多的冗余顶点，依然具有较好的检测效果。

表 2.9 增加顶点攻击实验结果

数据类型	攻击方式 攻击程度	随机增加点				
		10%	20%	30%	40%	50%
点	提取效果					
	相似度	NC=0.914	NC=0.858	NC=0.814	NC=0.775	NC=0.746
线	提取效果					
	相似度	NC=0.968	NC=0.960	NC=0.958	NC=0.954	NC=0.952
面	提取效果					
	相似度	NC=0.972	NC=0.950	NC=0.940	NC=0.940	NC=0.939

随机删除顶点攻击程度是删除 10%～50%，由表 2.10 可知，矢量地理点、线和面数据进行不同程度删除顶点后，依然可以提取大于 0.8 的 NC 值。因此，该算法对随机删

除顶点攻击也具有良好的鲁棒性。

表 2.10　删除顶点攻击实验结果

数据类型	攻击方式攻击程度	随机删除点				
		10%	20%	30%	40%	50%
点	提取效果	水数印字	水数印字	水数印字	水数印字	水数印字
	相似度	NC=0.977	NC=0.955	NC=0.930	NC=0.913	NC=0.892
线	提取效果	水数印字	水数印字	水数印字	水数印字	水数印字
	相似度	NC=0.976	NC=0.963	NC=0.948	NC=0.933	NC=0.912
面	提取效果	水数印字	水数印字	水数印字	水数印字	水数印字
	相似度	NC=0.970	NC=0.956	NC=0.938	NC=0.915	NC=0.897

4. 精度约减和格式转换攻击实验及分析

在不影响数据使用的前提下，分别对矢量地理点、线和面数据进行精度约减攻击来检测算法的可用性。由表 2.11 可知，通过不同程度的精度约减，零水印 NC 值均大于 0.8，因此算法对精度约减的鲁棒性较好。同时，如果精度约减程度过大，势必会影响数据的精度，从而影响数据的正常使用，失去使用价值。

格式转换攻击是将数据由 shp 格式转化为 AutoCAD 通用的 dwg 格式。格式转换会改变原始数据的数据结构，但从表 2.11 中给出的实验结果可以看出，算法对格式转换攻击也具有良好的鲁棒性。

表 2.11　精度约减和格式转换攻击实验结果

数据类型	攻击方式攻击程度	精度约减				格式转换（dwg）
		保留小数点后 5 位	保留小数点后 4 位	保留小数点后 3 位	保留小数点后 2 位	
点	提取效果	水数印字	水数印字	水数印字	水数印字	水数印字
	相似度	NC=0.997	NC=0.930	NC=0.989	NC=0.955	NC=1.000

续表

数据类型	攻击方式 攻击程度	精度约减				格式转换 （dwg）
		保留小数 点后5位	保留小数 点后4位	保留小数 点后3位	保留小数 点后2位	
线	提取效果	水数 印字	水数 印字	水数 印字	水数 印字	水数 印字
	相似度	NC=1.000	NC=1.000	NC=1.000	NC=1.000	NC=1.000
面	提取效果	水数 印字	水数 印字	水数 印字	水数 印字	水数 印字
	相似度	NC=1.000	NC=1.000	NC=1.000	NC=1.000	NC=1.000

5. 对比实验及分析

为了进一步验证算法的有效性和实用性，将提出的算法与文献1（孙鸿睿等，2012）、文献2（李文德等，2017）和文献3（吕文清等，2018）进行实验对比，对比结果如表2.12所示。

由表2.12可知，本节算法和其他算法在平移和缩放方面均具备良好的鲁棒性，但是对于旋转而言，文献1和文献3的鲁棒性更好，原因在于该算法经过旋转攻击后，其MBR会发生较大变化，因此对旋转攻击不具备鲁棒性。对于增加顶点而言，文献2和文献3均选择压缩后的特征点来构建特征矩阵，增加非特征点并不影响特征点的提取结果，因此对增加顶点具备良好的鲁棒性。但是，该算法在不选取特征点的前提下，依然可以很好地抵抗增加顶点攻击，对顶点攻击具备很好的鲁棒性。同时，该算法在抵抗随机删点方面表现更为突出，原因在于该算法利用奇异值分解对矩阵扰动具有良好的鲁棒性，相比3个对比文献利用角度和DFT系数具有更好的稳定性，在抗随机删点方面更具有优势。而对于投影变换攻击而言，文献2和文献3在抗投影攻击方面具有较好的鲁棒性，而本节算法中，重新投影后，构建的MBR会发生变化，继而会影响水印的提取。

表2.12 对比分析实验结果

算法	平移	缩放	旋转	裁剪	增加点	随机删点	投影变换
文献1	√	√	√	√	√	×	×
文献2	√	√	×	√	√	×	√
文献3	√	√	√	√	√	×	√
本节算法	√	√	×	√	√	√	×

综上所述，本节算法和其他算法对大多数攻击均具有良好的鲁棒性。但是，多数算法都以线要素为研究对象，利用线要素本身的特性构造零水印，算法的适用范围受到较大限制。而本节算法利用了顶点坐标之间的稳定性质构造零水印图像，并经实验验证，

本节算法适用于矢量地理点、线和面数据，比其他算法适用范围更广的同时，也具有较好的鲁棒性。

2.4 小　　结

　　传统嵌入式水印算法无法满足高精度矢量地理空间数据版权保护需要，而零水印技术因其无须向原始数据嵌入水印信息即可实现版权保护的优势，本章对矢量空间数据零水印算法进行了深入研究。首先，基于矢量空间数据分布特征，提出了一种基于分布中心的矢量空间数据零水印算法，该算法可有效抵抗随机删点、平移、缩放和裁剪攻击，能够同时适应于矢量点、线、面数据，当数据量较小时，水印检测效果仍比较理想。但该算法因是基于规则网格划分的，因此对旋转攻击鲁棒性较差。其次，基于泰森多边形的不变特征，提出了一种应用泰森多边形的矢量地理数据零水印算法，该算法能够抵抗常见的平移、旋转、缩放、裁剪和简化等攻击。最后，利用奇异值分解的稳定性，提出了一种运用奇异值分解的矢量地理数据零水印算法，该算法对平移、缩放、裁剪、增删点、精度约减等具有良好的鲁棒性，而且实用性更强。上述算法对于解决高精度矢量地理数据版权保护问题提供了一定的借鉴。

第3章 栅格空间数据水印算法

栅格空间数据是一种以栅格或网格形式组织和存储的空间数据，通常由像素或单元格组成，每个像素或单元格都包含特定位置的数值或属性信息（Bivand，2021）。其特点包括数据结构清晰、表达精确、适合于大范围区域和连续表面的空间表达。栅格数据往往是通过昂贵的遥感设备或大量地勘测量得到的，具有较高的价值。然而，网络技术的迅速发展，导致数据未经授权的复制、分发或修改日益频发，数据生产者的合法权益和商业利益受到了严重损害。版权保护技术能够促进数据生产者的持续投入和创新，推动整个空间信息产业的健康发展和技术进步（Hu et al.，2020）。因此，对栅格空间数据进行有效的版权保护不仅仅是法律和规范的要求，更是促进数据共享与发挥数据价值、推动数字经济发展的重要保障。

3.1 运用 DWT 与 SIFT 的 GF-2 影像双重水印算法

GF-2 影像数据是我国首个实现亚米级高分辨率的遥感影像，其突破性的发展为遥感数据的广泛应用和多维度发展奠定了重要基础。凭借高空间分辨率、高精度以及丰富的信息含量，GF-2 数据在国家安全和国防现代化建设中发挥着至关重要的作用。因此，研究 GF-2 影像数据的版权保护和盗版溯源具有重要的现实意义。

尽管数字水印技术已在图像、音频、视频等多媒体领域得到了广泛应用（Kadian et al.，2021），但针对 GF-2 影像数据数字水印的研究较少。近年来，针对 GF-2 影像数据版权保护数字水印算法抗几何攻击鲁棒性较低等问题，国内外学者对 GF-2 影像数据数字水印技术在实用性方面进行了深入研究。本节提出了一种基于离散小波变换（DWT）与尺度不变特征变换（SIFT）的抗几何攻击水印算法，该算法不仅兼具版权保护与内容认证的功能，还能有效应用于 GF-2 影像数据的版权保护和内容认证，保障数据分发的安全性与可信性。

该算法以 Harr 小波基对影像进行三级 DWT 分解，得到 10 个子带（LL_3、LH_3、HL_3、HH_3、HL_2、LH_2、HH_2、HL_1、LH_1、HH_1），为保证算法有良好的鲁棒性，取其低频子带 LL_3 作为第一重水印嵌入位置。利用 SIFT 算子提取低频子带 LL_3 特征点，记录其特征描述信息，并采用 SVD 进行处理后构成第二重水印，随后将其嵌入经过离散小波逆变换的初始水印图像中，得到最终水印图像。该算法流程如图 3.1 所示。

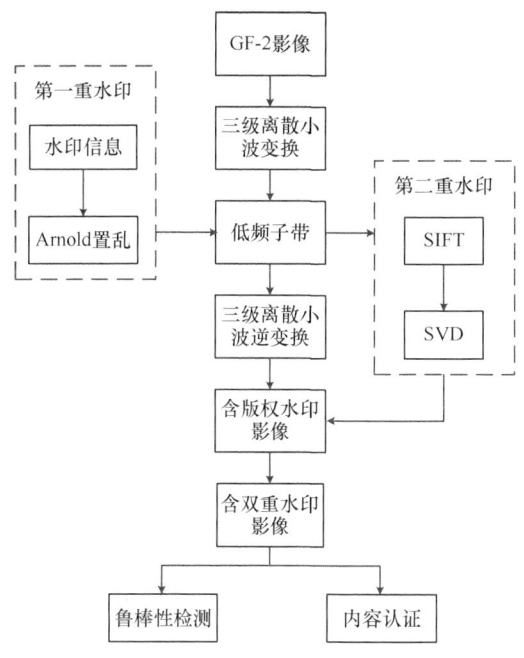

图 3.1 运用 DWT 与 SIFT 的 GF-2 影像双重水印算法流程图

3.1.1 基于 DWT 与 SIFT 的双重水印方案

1. 水印预处理

1）版权标识水印生成

鉴于 GF-2 影像的解译需求，在嵌入水印时不能影响空间相关性，因此需要先对水印图像进行置乱预处理。本节首先选择 Arnold 变换方法进行置乱处理，通过将水印信息在空间域中的像素位置、灰度打乱，破坏水印图像的相关性，然后再将其嵌入 GF-2 影像低频子带中，实现对原始水印的加密，并提高嵌入水印的安全性。

Arnold 变换的定义如式（3.1）所示：

$$\begin{bmatrix} x' \\ y' \end{bmatrix} = \begin{pmatrix} 1 & 1 \\ 1 & 2 \end{pmatrix} \begin{bmatrix} x \\ y \end{bmatrix} \mod(N), x, y \in \{0, 1, 2, \cdots, N-1\} \quad (3.1)$$

式中，(x, y) 为原始水印图像中的像素点坐标；(x', y') 为变换后像素点坐标；mod() 为取模运算；N 为水印图像矩阵的阶数。Arnold 变换周期为 T，若进行 $T/2$ 次变换，水印图像置乱度最大且具有最强鲁棒性；当进行 T 次变换后，重新得到原始水印图像（王向阳等，2006）。该算法变换次数为 K，将 K 作为密钥保存用于水印提取工作。

2）SIFT 特征信息水印生成

利用 SIFT 算子对不同含水印影像进行特征点提取操作，结果如图 3.2 所示。

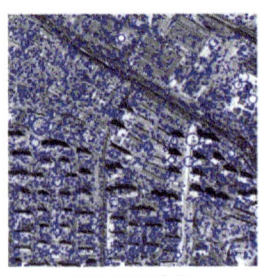 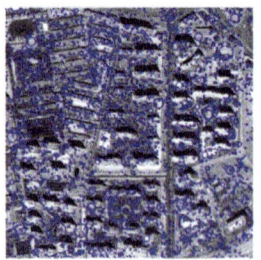

(a)SIFT特征信息1　　　　　(b)SIFT特征信息2

图 3.2　SIFT 特征信息

SIFT 算子在确定所提取特征点的位置、尺度、方向等信息后可构造 $n×128$ 维的特征描述子，其中 n 是在图像中所提取特征点的个数。若直接将特征描述子作为水印信息嵌入影像，由于信息量过大，影像的正常使用会受到影响。因此，本方案采用 SVD 对特征描述子进行处理，得到特征描述子的奇异值矩阵，并依据韩崇等（2012）的理论选取前 10%的奇异值构成鲁棒性较强的水印信息。

2. 水印嵌入过程

GF-2 影像的低频分量是能量最集中的部分，而高频分量的幅值系数通常较小，能量占比相对较低。水印嵌入低频部分比嵌入高频部分有着更高的鲁棒性，但会引起影像的过度失真，影响解译效果；高频部分携带人眼不敏感的纹理、边缘信息，将水印信息嵌入高频部分不能有效抵抗 JPEG 压缩等图像处理。因此，该算法首先将第一重水印嵌入影像经过三级 DWT 分解后的低频子带 LL_3 中，并对子带 LL_3 进行三级小波重构后得到初始水印图像；再将经过处理后的 SIFT 特征信息水印依据 SVD 机制嵌入初始水印图像中，得到含双重水印的影像。若直接将 SIFT 特征描述符的奇异值嵌入初始水印图像中，会导致对影像的错误认证，因此对该算法进行了改进。

具体嵌入步骤如下。

步骤 1：读取原始数据。选取 GF-2 影像 Q_0，$Q_0 = \{g(i,j), 0 \leq i \leq M, 0 \leq j \leq N\}$，$g(i,j)$ 为影像像元值，尺寸为 $M×N$。

步骤 2：读取二值水印信息。水印信息 $w(i,j) = \{0,1\}, (i=1,2,\cdots,Z; j=1,2,\cdots,L)$，水印信息长度为 $Z×L$。

步骤 3：对影像 Q_0 进行三级 DWT 变换，提取低频子带 LL_3，记为 I_1。

步骤 4：依据式（3.2）将水印信息进行 Arnold 置乱后作为第一重水印 W，保存变换次数 K 作为解密密钥。

步骤 5：利用 SIFT 算子提取出 I_1 特征描述符并进行 SVD 处理，选取前 10%奇异值构成水印 W_1。

步骤 6：提取低频子带 LL_3 的小波系数，再运用式（3.2）将第一重水印嵌入系数中。

$$D'(i) = D(i) + W_k(i)\alpha \tag{3.2}$$

式中，$D(i)$ 与 $D'(i)$ 分别为载体图像、水印图像的小波系数；α 为水印强度。

步骤 7：对已嵌入第一重水印的 LL_3 子带进行三级离散小波重构，得到初始水印图像 Q（Priyanka et al.，2017）。

步骤 8：对 Q 进行 SVD 分解得 $W_1 = U_1 S_1 V_1'$，将矩阵 S^* 左乘 U 矩阵，并同时放大 ∂ 倍，获得嵌入水印信息的奇异值对角阵 S_2 后，再根据式（3.3）得到含双水印图像 Q_1。

$$\begin{cases} S_2 = S_1 + \partial U_1 S^* \\ A_W = U_1 S_2 V' \end{cases} \quad (3.3)$$

通过以上步骤，依次将两重水印嵌入 GF-2 影像中，满足数据的可用性；通过 DWT 域内进行水印的嵌入，不仅比最低有效位（least significant bit，LSB）算法鲁棒性更高，并且可实现水印的不可见性。

3. 水印提取过程

水印的提取过程即为嵌入的逆过程，所设计水印提取方法的具体过程如下。

步骤 1：读取嵌入双重水印的影像 Q_1。

步骤 2：对影像 Q_1 进行 SVD 处理，获取奇异值矩阵 S' 并依据式（3.4）获得 SIFT 特征水印 S^*。

步骤 3：对含水印图像 Q_1 进行三级小波变换，得到低频子带 LL_3'。

步骤 4：将低频子带 LL_3' 的小波系数运用式（3.2）提取出水印信息 W。

步骤 5：根据保存的密钥 K 得到二值图像。

$$S^* = \frac{S' - S_1}{\partial U_1} \quad (3.4)$$

本节通过 DWT 与 SVD 水印嵌入机制，可以有效地提取出两重水印信息，提高水印信息的准确性。

4. 水印认证

欧氏距离在图像处理领域应用相当广泛，欧氏距离的大小反映了两个像素之间的相似程度（刘瑞祯和谭铁牛，2001）。该算法利用 SIFT 特征信息水印进行影像的认证，按照水印信息的特性，设计一种以欧氏距离为判定条件的认证方法，步骤如下。

步骤 1：根据水印提取方法从含水印影像中提取出 SIFT 特征信息 S^*。

步骤 2：采用 SIFT 算子对含水印影像进行特征提取，得到新的特征描述符。

步骤 3：利用 SVD 得到新提取特征描述符的特征信息 S_n，并借助欧氏距离进行判定。

步骤 4：当所提取特征描述符奇异值与新生成的奇异值之间的欧式距离大于限定阈值时，可认证该影像已被篡改。

欧氏距离计算过程如式（3.5）所示：

$$d(S_n, S^*) = \sqrt{\sum_{i=1}^{N} (\delta_{ni} - \delta_i)^2} \quad (3.5)$$

式中，i 表示 SIFT 特征水印中的每一个奇异值，设用户限定阈值为 t_0（本实验设定 t_0=140），影像认证条件如式（3.6）所示：

$$\begin{cases} d(S_n, S^*) < t_0 & \text{未被篡改} \\ d(S_n, S^*) > t_0 & \text{已篡改} \end{cases} \quad (3.6)$$

3.1.2 算法验证与性能评价

1. 数据预处理

为对算法的可用性进行验证，选用分辨率 800×800 像素的 GF-2 影像数据，并对数据进行辐射校正、几何校正、图像融合等预处理。GF-2 影像包含红、绿、蓝、红外四个波段，选用其中满足人类视觉系统的红、绿、蓝三个波段的影像。数据预处理结果如图 3.3 所示。

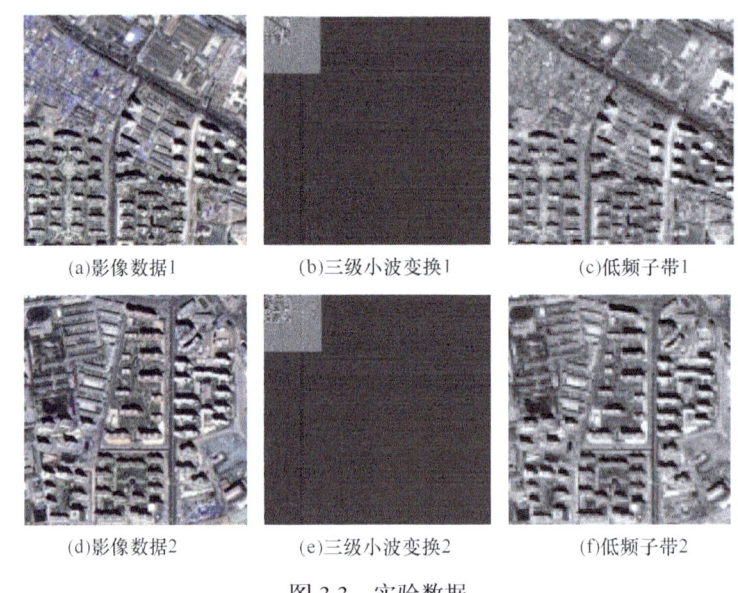

(a)影像数据1　　(b)三级小波变换1　　(c)低频子带1

(d)影像数据2　　(e)三级小波变换2　　(f)低频子带2

图 3.3　实验数据

2. 不可见性

实验采用峰值信噪比（peak signal-to-noise ratio，PSNR）作为水印不可见性的评估标准。PSNR 值越高，水印的不可见性越好。PSNR 定义如式（3.7）所示：

$$\text{PSNR} = 10 \times \lg \frac{(MN) \times \left[\max(Q) - \min(Q')\right]^2}{\sum_{i=1}^{M} \sum_{j=1}^{N} \left[Q(i,j) - Q'(i,j)\right]^2} \quad (3.7)$$

式中，Q 和 Q' 分别为原始影像和含双重水印影像；$Q(i,j)$ 与 $Q'(i,j)$ 分别为原始影像与含双重水印影像在 (i,j) 的像元值；影像尺寸为 $M \times N$。

实验对象为影像 1 和影像 2,并依次按照该算法与王胜等(2018)提出的算法嵌入水印作比较,实验结果如表 3.1 所示。

表 3.1 不可感知性评估结果(PSNR)

数据	所提算法	王胜等(2018)
影像 1	43.6375	42.4219
影像 2	43.8762	43.1574

依据该算法与王胜等(2018)所得的含水印图像如图 3.4 所示。

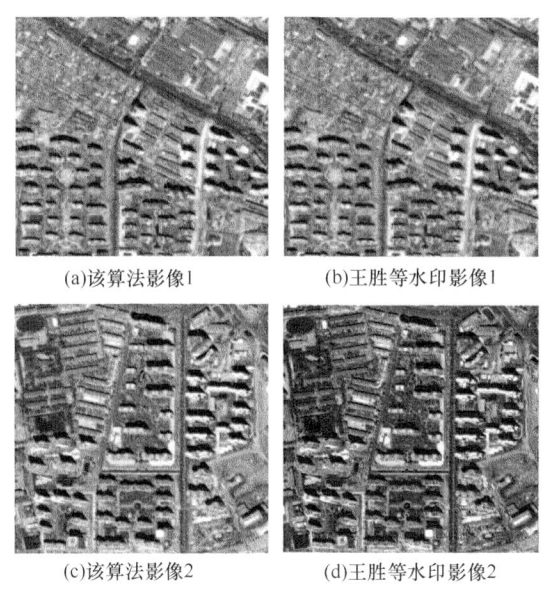

(a)该算法影像1　　(b)王胜等水印影像1

(c)该算法影像2　　(d)王胜等水印影像2

图 3.4 含水印影像对比

由实验结果可以看出,运用该算法嵌入水印后的载体图像视觉效果良好,PSNR 值较高,说明嵌入水印后影像的质量没有受到太大影响。

3. 几何攻击

鲁棒性一般用归一化相关系数(NC)作为评价标准,提取出的水印与原始水印越相似,NC 值越接近于 1。NC 的计算公式如式(2.8)所示:

为了检测该算法的鲁棒性,本实验采用裁剪、旋转、缩放以及重采样(最邻近法与双线性内插法)攻击方式对已嵌入水印的影像 1 和影像 2 进行鲁棒性测试,实验结果如表 3.2 所示。

结果显示,经过不同的几何攻击之后,该算法所得结果的 NC 值无异常,并均可以正确地提取出水印信息,说明该算法对裁切、旋转攻击具有良好的鲁棒性。

表 3.2　几何攻击后提取水印结果

攻击类型	攻击后的影像	水印信息		相关系数	
裁切 1/3		水数印字	水数印字	0.9647	0.9615
裁切 1/2		水数印字	水数印字	0.8643	0.8552
旋转 5°		水数印字	水数印字	0.9604	0.9537
旋转 25°		水数印字	水数印字	0.9396	0.9306
缩放 80%		水数印字	水数印字	0.9418	0.9399
缩放 60%		水数印字	水数印字	0.9095	0.9108
最近邻内插		水数印字	水数印字	0.9401	0.9387
双线性内插法		水数印字	水数印字	0.9355	0.9348

4. 水印认证

本实验采用欧氏距离方法（设定阈值 t_0 为 140）进行影像认证，并借助篡改评估函数加以佐证。评估函数定义如式（3.8）所示：

$$T_{\mathrm{AF}}\left(Q,\tilde{Q}\right) = \frac{1}{N_W \times M_W} \sum_{i=1}^{N_W \times M_W} Q(i) \oplus \tilde{Q}(i) \quad (3.8)$$

式中，$Q(i)$ 表示原始影像；$\tilde{Q}(i)$ 表示篡改后的影像；$N_W \times M_W$ 为水印图像尺寸，对于同一图像，$T_{\mathrm{AF}}\left(Q,\tilde{Q}\right)$ 越大说明篡改程度越高。

从表 3.3 可以看出，受到攻击的水印图像的欧氏距离 $d(S,S')$ 均大于阈值 t_0，依据该算法描述，将其视为已遭受篡改（由篡改函数可证明）；未受到攻击的水印图像的欧氏距离 $d(S,S')$ 均大于阈值 t_0，则为真实影像。结果表明，该算法具有准确的认证功能。

表 3.3 篡改评估结果

评估指标	噪声强度			
	0	0.01	0.03	0.05
NC	1	0.9814	0.9398	0.9156
T_{AF}	0	0.010661	0.033734	0.044946
$d(S,S')$	0	142.06	151.71	159.34

3.2 结合 ASIFT 和归一化的遥感影像水印算法

遥感影像数字水印算法应该借鉴图像数字水印研究思路与解决方法，也要结合遥感影像自身特点与应用场景（Lv et al.，2021）。为保证遥感影像的精度特性，水印要具备良好的不可感知性；遥感影像在处理过程中的配准、拼接等步骤会对遥感影像造成包含仿射变换在内的几何攻击，对数字水印的鲁棒性有着更高的要求；遥感影像数据量大，在水印检测过程中应实现无须原始遥感数据的盲水印检测。

该算法包括水印嵌入和水印提取两部分。在水印嵌入时，首先通过仿射尺度不变特征变换（affine scale-invariant feature transform，ASIFT）算法提取影像特征点，利用特征尺度与欧氏距离筛选稳定且分布均匀的特征点，构造相应的特征区域；然后利用基于矩的归一化方法将特征区域映射到仿射不变空间，通过归一化特征区域的不变质心确定水印嵌入区域，再对水印嵌入区域进行小波变换，使用量化规则将水印嵌入小波变换后的低频系数中；最后对含水印低频系数进行逆小波变换，计算水印嵌入前后归一化特征区域的差值图像，对差值图像进行反归一化，再将反归一化差值图像叠加在特征区域上，最大限度地减少水印嵌入过程对遥感影像的影响，至此完成了水印的嵌入过程。

在水印提取过程中，对含水印遥感影像依次进行特征点提取、特征区域构建、特征区域归一化等处理，得到水印嵌入区域的低频系数，按照量化规则进行水印提取，最终得到水印图像。具体算法基本框架图如图 3.5 所示。

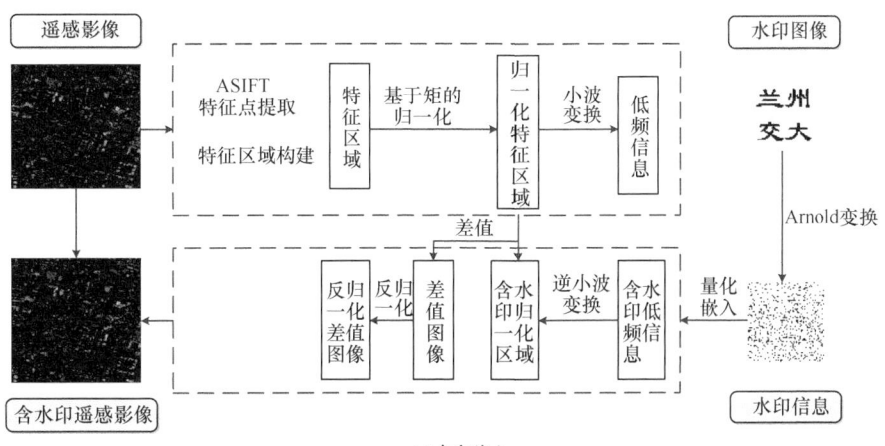

(a)水印嵌入

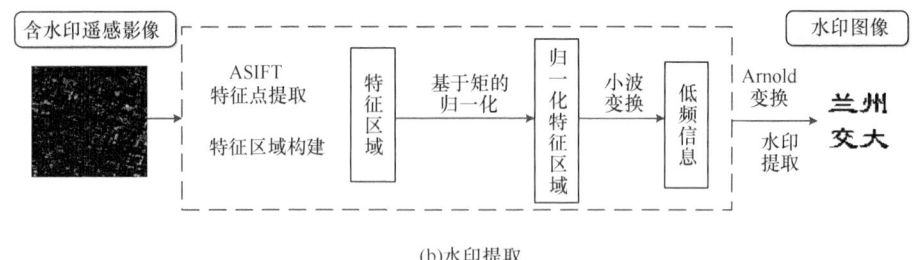

(b)水印提取

图 3.5 结合 ASIFT 算法和归一化的遥感影像水印算法流程图

3.2.1 算法实现步骤

1. 影像特征点与特征区域提取

考虑到影像倾斜对特征提取带来的影响，Jean-Michel Morel 对传统的 SIFT 算法进行了改进，提出了具有完全仿射不变性的 ASIFT 算法（Morel and Yu，2009）。ASIFT 算法是一种局部特征描述子，它的提出解决了影像倾斜的情况下，特征点匹配少且不稳定的问题（Wang et al.，2018），在遥感领域中常用于影像配准时的特征点匹配。

ASIFT 算法通过改变与相机光轴角度相关的重要参数来模拟影像各种情况的仿射变换，用经度和纬度两个参数来模仿摄像机在不同位置的视角，如图 3.6 所示，ϕ 表示摄像机的旋转角度，θ 表示相机视角，分别称为经度和纬度。

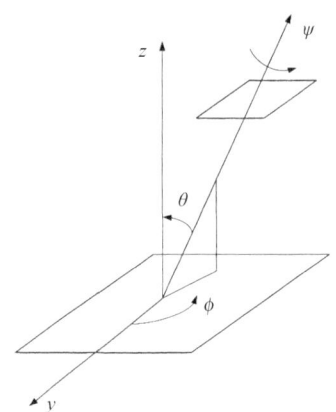

图 3.6 摄像机拍摄角度

仿射变换矩阵 $A = \begin{bmatrix} a & b \\ c & d \end{bmatrix}$ 可分解为

$$A = H_\lambda R_1(\varphi) T_t R_2(\phi) = \lambda \begin{bmatrix} \cos\varphi & -\sin\varphi \\ \sin\varphi & \cos\varphi \end{bmatrix} \begin{bmatrix} t & 0 \\ 0 & 1 \end{bmatrix} \begin{bmatrix} \cos\phi & -\sin\phi \\ \sin\phi & \cos\phi \end{bmatrix} \quad (3.9)$$

式中，$\lambda > 0$，$\lambda \times t$ 为 A 的行列式；R 代表选择；T 代表倾斜度；t 为倾斜参数；$\theta = \arccos\dfrac{1}{t}$。

在模拟影像各种情况下的仿射变换后，对待匹配影像进行基于仿射变换的插值重采样，最后对影像对进行 SIFT 特征点匹配，从而使得匹配的特征点具有仿射不变性。经验证，ASIFT 算法是一种具有完全仿射不变性的特征提取算法（何婷婷等，2014）。

利用 ASIFT 算子对遥感影像进行特征点提取操作，结果如图 3.7 所示。

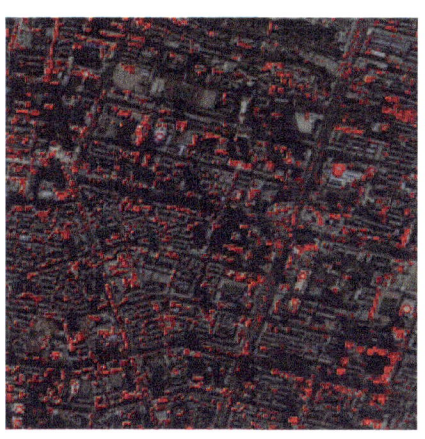

图 3.7 影像中的 ASIFT 特征点

从遥感影像中提取的 ASIFT 特征点具有仿射、尺度、旋转不变性，且对影像的滤波、加噪等操作具有一定的鲁棒性，在特征提取方面相对 SIFT 更加稳定，且遥感影像中丰富的地物信息为 ASIFT 特征点的提取提供了良好的基础（Huang et al.，2016）。通过仿射不变特征点构建影像特征区域进行水印嵌入与提取，是抗几何攻击水印算法的常见思路。例如，邓成等（2010）通过检测出的特征点构造仿射变换不变区域，并在该区域进行水印嵌入。

从遥感影像中提取的 ASIFT 特征点的数量和密度都很大，对于影像的几何变换，并不是全部特征点都能保持稳定，且影像经过常规处理后，会有部分特征点不能被检测到（邰能建等，2012），所以需要对特征点进行筛选。

特征点作为水印检测时的辅助工具，要求其分布均匀、数量适中、稳定性好。由于特征尺度的大小与影像局部特性相关，大尺度特征点代表影像的概貌特征，小尺度特征点代表影像的细节特征。通常情况下，较大特征尺度的特征点在经过常规影像处理后具有较好的稳定性，且水印容量与特征区域的大小相关，特征尺度较大的特征点对应较大特征区域，所以本节选择特征尺度大的特征点进行特征区域构建。

该算法通过以下步骤提取影像特征区域。

步骤 1：将初步提取的 ASIFT 特征点按照特征尺度 σ 大小选取前 n 个特征点，其中 ceil($S/2s$) <n<ceil(S/s)，其中 S 为影像大小，s 为嵌入水印所需最小区域的大小，ceil 为向上取整函数，该算法取 n=20。

步骤 2：以筛选后的特征点为圆心，$\dfrac{k\sigma}{2}$ 为半径的圆形区域表示每个特征点对应的特征范围，k 为常数（k=5，6，…，10），当圆形区域发生重叠时舍去特征尺度较小的点。

步骤 3：将特征点 p_i 作为对角线交点，构造边长为 $\dfrac{k\sigma}{\sqrt{2}}$ 的正方形区域，提取正方形所覆盖的影像范围作为特征区域。

2. 水印嵌入区域构建

特征区域依据特征点的位置与特征尺度构建，在影像进行几何变换后，只能保持特征区域内影像内容的大体相同，并非完全一致，如果直接将水印嵌入特征区域中，则会导致水印提取效果不佳，甚至无法提取水印。

基于矩的归一化技术可以有效抵抗旋转、平移、缩放等几何变换对特征区域造成的影响（牛盼盼等，2007），首先计算特征区域具有几何不变性的几何矩，确定影像归一化变换函数的参数，然后利用得到的参数确定变换函数，将特征区域通过变换函数转换为归一化特征区域，基于矩的归一化一共要经过四次变换，其中依次包括抵抗平移变换的坐标中心化、x-shearing 归一化、缩放归一化与旋转归一化。设原特征区域 $f(x, y)$ 对应的归一化特征区域为 $f(x_r, y_r)$，具体变换过程如下。

1）坐标中心化

将原特征区域 $f(x, y)$ 进行坐标归一化，变换为坐标中心化后的特征区域 $f_1(x_1, y_1)$，变换过程见式（3.10）。

$$\begin{bmatrix} x_1 \\ y_1 \end{bmatrix} = \begin{bmatrix} a_{11} & a_{12} \\ a_{21} & a_{22} \end{bmatrix} \begin{bmatrix} x \\ y \end{bmatrix} - \begin{bmatrix} d_1 \\ d_2 \end{bmatrix} = A \begin{bmatrix} x \\ y \end{bmatrix} - d \quad (3.10)$$

其中，$A = \begin{bmatrix} 1 & 0 \\ 0 & 1 \end{bmatrix}$；$d = \begin{bmatrix} d_1 \\ d_2 \end{bmatrix}$，$d_1 = \dfrac{m_{10}}{m_{00}}$，$d_2 = \dfrac{m_{01}}{m_{00}}$，$m_{10}$、$m_{01}$、$m_{00}$ 为特征区域 $f(x, y)$ 的几何矩。

2）x-shearing 归一化

将坐标中心化后的特征区域 $f_1(x_1, y_1)$ 进行 x-shearing 归一化，变换为 x-shearing 归一化后的特征区域 $f_2(x_2, y_2)$，变换过程见式（3.11）。

$$\begin{bmatrix} x_2 \\ y_2 \end{bmatrix} = \begin{bmatrix} 1 & \beta \\ 0 & 1 \end{bmatrix} \begin{bmatrix} x_1 \\ y_1 \end{bmatrix} \quad (3.11)$$

其中，参数 $\beta = -\dfrac{u_{11}^{(1)}}{u_{02}^{(1)}}$，$u_{pq}^{(1)}$ 为中心化特征区域 $f_1(x_1, y_1)$ 的中心矩。

3）缩放归一化

将 x-shearing 归一化后的特征区域 $f_2(x_2, y_2)$ 进行缩放归一化，变换为缩放归一化后的特征区域 $f_3(x_3, y_3)$，变换过程见式（3.12）。

$$\begin{bmatrix} x_3 \\ y_3 \end{bmatrix} = \begin{bmatrix} \alpha & 0 \\ 0 & \delta \end{bmatrix} \begin{bmatrix} x_2 \\ y_2 \end{bmatrix} \quad (3.12)$$

其中，$\alpha = \sqrt{\dfrac{1}{u_{20}^{(2)}}}$；$\delta = \sqrt{\dfrac{1}{u_{02}^{(2)}}}$，$u_{pq}^{(2)}$ 为 x-shearing 归一化后的特征区域 $f_2(x_2, y_2)$ 的中心矩。

4）旋转归一化

将缩放归一化后的特征区域 $f_3(x_3, y_3)$ 进行旋转归一化，变换为旋转归一化后的特征区域 $f(x_r, y_r)$，变换过程见式（3.13）。

$$\begin{bmatrix} x_r \\ y_r \end{bmatrix} = \begin{bmatrix} \cos\phi & \sin\phi \\ -\sin\phi & \cos\phi \end{bmatrix} \begin{bmatrix} x_3 \\ y_3 \end{bmatrix} \tag{3.13}$$

其中，$\phi = \arctan\left(-\dfrac{u_{30}^{(3)} + u_{12}^{(3)}}{u_{03}^{(3)} + u_{21}^{(3)}}\right)$，$u_{pq}^{(3)}$ 为缩放归一化后的特征区域 $f_3(x_3, y_3)$ 的中心矩。

由于基于矩的影像归一化存在冗余特性，即归一化特征区域存在"黑边"，如果把水印信息直接嵌入含黑边的归一化特征区域中，反归一化的过程会致使水印信息缺失，从而影响水印检测。因此，先计算归一化特征区域的不变质心，再以不变质心为中心构造水印嵌入区域。

其中某一特征区域归一化前后与水印嵌入区域的选取结果如图 3.8 所示。

(a)特征区域　　　　(b)归一化特征区域　　　　(c)水印嵌入区域

图 3.8　某一特征区域归一化前后与水印嵌入区域的选取结果

3. 水印嵌入与提取

1）水印图像预处理

为提高水印图像的安全性，避免嵌入水印影响遥感影像的空间相关性，需要对水印图像进行预处理。该算法使用 Arnold 变换对水印图像进行置乱处理，打乱水印图像的像素灰度与坐标，破坏水印图像的相关性，并实现对原始水印的加密。Arnold 变换的定义见式（3.14）。

$$\begin{bmatrix} x' \\ y' \end{bmatrix} = \begin{pmatrix} 1 & 1 \\ 1 & 2 \end{pmatrix} \begin{bmatrix} x \\ y \end{bmatrix} \mod(N), x, y \in \{0, 1, 2, \cdots, N-1\} \tag{3.14}$$

式中，(x, y) 为原始水印中的像素点坐标；(x', y') 为 Arnold 变换后的像素点坐标；mod 为取模运算；N 为图像边长。Arnold 变换的变换周期为 T，即经过 T 次变换后会得到原始水印。

将带有"兰州交大"字样、大小为 64×64 像素的二值图像作为水印图像, 其变换周期为 48, 选择变换次数为 K, 结果如图 3.9 所示, 在水印提取时, 对水印信息进行 $T-K$ 次变换即可得到原水印图像。

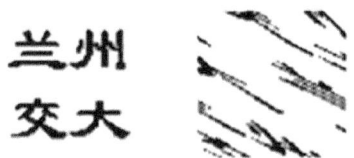

图 3.9　Arnold 变换前后的水印图像

2) 水印嵌入

为了保证遥感影像水印的不可感知性, 本节算法在遥感影像的蓝色波段嵌入水印。由于基于 DWT 的数字水印算法可以通过控制水印嵌入强度, 有效减弱水印嵌入对遥感影像地物分类结果的影响, 保证遥感影像的数据精度。所以本节算法选择在特征区域的 DWT 域低频系数中进行水印嵌入。DWT 可以使信号分析在影像不同尺度上进行, 影像在经过每一级小波变换后得到 3 种高频信息 HH、LH、HL 与一种低频信息 LL(Singh et al., 2016), 结果如图 3.10 所示。

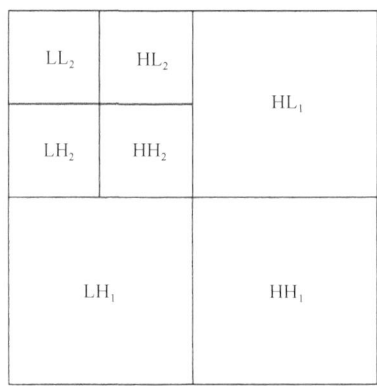

图 3.10　影像小波分解示意图

其中, 低频信息涵盖遥感影像的大部分基本特征, 多级小波变换后得到的高层低频信息汇集了遥感影像的绝大部分关键信息, 它是对影像主要特征的描述, 而高频信息发生轻微改动会影响影像的视觉效果。因此, 将水印信息嵌入影像的低频信息上, 可以很大程度上增强水印的鲁棒性。

鉴于此, 在水印嵌入操作之前, 该算法对构建的水印嵌入区域进行二级小波变换, 提取该区域的低频系数。水印的嵌入与提取操作均是在该特征区域的低频系数上进行的, 其中水印嵌入的具体过程如下。

步骤 1: 提取 ASIFT 特征点。用 ASIFT 算子从遥感影像 I 中提取具有仿射不变性的特征点。

步骤 2：构造特征区域 I_i（i 表示第 i 个特征区域）。筛选得到稳定、分布均匀的特征点，并以特征点为依据构建特征区域，从遥感影像中划分出一系列正方形特征区域 I_i。

步骤 3：确定水印嵌入区域。对 I_i 进行基于矩的归一化处理，确定归一化特征区域 I_{ri} 的不变质心 O_i，并以质心 O_i 为中心点，构造正方形区域 R_i 作为水印嵌入区域。

步骤 4：嵌入水印。对 R_i 进行二级小波变换，得低频系数 L_i，并将水印信息 W 嵌入到 L_i 中，得到含水印的低频系数 L_i'。

该算法为了实现盲检测，即水印检测实现无须原始数据，所以优选 QIM 方法进行水印嵌入，具体过程为：选择低频矩阵块 L_i 作为水印嵌入区域，$L_i[m,n]$ 表示为行列位置 m 和 n 的低频系数，并对低频系数进行量化处理。以任意一个低频矩阵块为例说明，其嵌入规则如式（3.15）所示：

$$L_i'[m,n] = \begin{cases} (\lambda_{m,n}-0.5)\times\zeta, \mathrm{mod}(\lambda_{m,n}+W_{m,n},2)=1 \\ (\lambda_{m,n}+0.5)\times\zeta, 其他 \end{cases} \quad (3.15)$$

式中，$\lambda_{m,n}$ 为量化值，$\lambda_{m,n}$=round（$L_i[m,n]/\zeta$），ζ 为量化步长，round 运算为四舍五入取整；mod 为取模运算。

步骤 5：获得含水印影像。对低频系数 L_i' 做逆小波变换，得到含水印的水印嵌入区域 R_i'，将归一化特征区域中的 R_i 替换为 R_i'，得到含水印的归一化特征区域 I_{ri}'，计算 I_{ri}' 与原归一化特征区域 I_{ri} 间的差值影像 D_i，对差值影像 D_i 进行反归一化，得到反归一化差值影像 D_i'，将 D_i' 叠加到原始遥感影像 I 的特征区域上，得到含水印的遥感影像 I'。

3）水印提取

水印的提取过程则是在含水印影像中准确定位原水印嵌入区域，再按照量化规则进行水印提取，其具体步骤如下。

步骤 1：提取 ASIFT 特征点。用 ASIFT 算子从含水印的遥感影像 I' 中提取具有仿射不变性的特征点。

步骤 2：构造特征区域 I_i^*。筛选得到稳定、分布均匀的特征点，并以特征点为依据构建特征区域，从遥感影像中划分出一系列正方形特征区域 I_i^*。

步骤 3：确定水印嵌入区域。对 I_i^* 进行基于矩的归一化处理，确定归一化特征区域 I_{ri}^* 的不变质心 O_i^*，并以质心 O_i^* 为中心点构造正方形区域 R_i^* 作为水印嵌入区域。

步骤 4：提取水印。对 R_i^* 进行二级小波变换，得到低频系数 L_i^*，根据量化规则提取水印信息，并进行 Arnold 变换得到水印图像 W_i。

3.2.2 实验与分析

为了评价所提出算法的性能，本节进行了一系列的实验验证，实验环境：计算机配置为内存 8GB 的 64 位 Windows10 操作系统，Python3.7 编程语言。选取 3000×3000 像素的 GF-2 遥感影像作为载体影像，如图 3.11（a）所示，经过该算法进行水印嵌入后的含水印影像如图 3.11（b）所示，带有"兰州交大"字样的二值图像作为水印图像，如

图 3.11 所示。

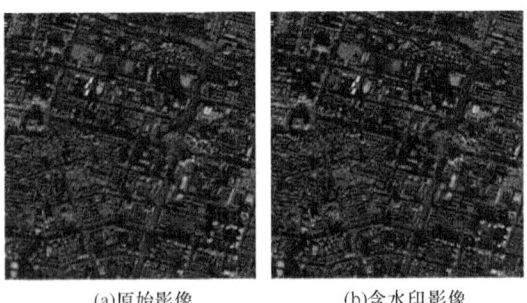

(a)原始影像　　　　(b)含水印影像

图 3.11　遥感影像水印嵌入前后

1. 不可感知性评估

由图 3.11（a）和图 3.11（b）可以看出，人眼视觉无法感知水印嵌入对遥感影像造成的影响，再通过计算两幅影像的 PSNR，评估水印的不可感知性。本节算法与罗茂和陈建华（2019）、周琳等（2020）算法中的 PSNR 对比情况见表 3.4。

表 3.4　不可感知性评估结果

算法	PSNR/dB
本节算法	46.6518
罗茂和陈建华（2019）	41.6211
周琳等（2020）	43.4538

本节算法的 PSNR 为 46.6518dB，比罗茂和陈建华（2019）、周琳等（2020）算法的 PSNR 分别高出 5.0307dB 和 3.1980dB。因此，说明该算法的不可感知性优于罗茂和陈建华（2019）、周琳等（2020）算法。

2. 影像精度评估

对原始影像和含水印影像进行非监督分类，分类过程采用同样的分类方法，本次分类的分类方法为 K-means 分类，种类数为 5 类，最大迭代 15 次，并通过计算 OA 与 Kappa 系数进一步验证含水印影像的数据精度。精度评估结果如表 3.5 所示。

表 3.5　精度评估结果

	OA/%	Kappa 系数
本节算法	99.2253	0.9898

由表 3.5 可知，对原始影像和含水印影像进行非监督分类，其总体精度（OA）大于 99%，且 Kappa 系数在 0.98 以上，说明该算法对遥感影像的影响较小，影像的数据精度能得到很好的控制，不影响影像的后续使用。

3. 算法鲁棒性评估

为了评估算法的鲁棒性,本次实验对含水印遥感影像进行包含旋转、平移、缩放、仿射在内的几何变换,以及滤波、压缩、裁剪、噪声等常规水印攻击,并且利用该算法进行水印提取,用从各水印嵌入区域提取得到水印与原始水印的最大 NC 来评价水印算法的鲁棒性。实验结果如表 3.6、表 3.7 所示。

表 3.6 几何攻击后提取水印的结果

攻击类型	攻击强度	攻击后影像	提取的水印	NC_{max}
旋转变换	5°			0.8788
	10°			0.8586
平移变换	$x=-20, y=100$			0.9431
	$x=200, y=-50$			0.9413
缩放变换	0.9			0.7729
	1.1			0.8772
仿射变换	$\begin{bmatrix} 0.0502 & 0.7995 \\ 0.8008 & 0.0506 \end{bmatrix}$			0.8996
	$\begin{bmatrix} 0.8976 & 0.0270 \\ -0.027 & 0.8998 \end{bmatrix}$			0.8417

表 3.7 常规攻击后提取水印的结果

攻击类型	攻击强度	NC_{max}	攻击类型	攻击强度	NC_{max}
中值滤波	3×3	0.9701	压缩攻击	保留 70%	0.9704
裁剪攻击	左上 80%	0.9731	高斯噪声	0.1	0.9688
	右 70%	0.9726	椒盐噪声	0.02	0.9246

由表 3.6 可知,对含水印影像进行一定强度的旋转、平移、缩放、仿射变换后,该算法仍可以正确检测到水印信息,且提取得到水印与原水印的相关系数均高于 0.75。

当影像形变严重时,提取的水印质量相对较差,主要原因在于:在特征区域进行嵌入水印时会对特征点造成影响,从而影响水印检测时特征点的识别;该算法进行水印嵌入时对变换域系数改变较小,即嵌入强度较低,当影像几何形变较大时,特征区域内影像内容变动大，水印嵌入区域的变换域系数恢复程度也较低，导致水印提取效果不理想。

由表 3.7 可知，该算法可抵抗诸如中值滤波、JPEG 压缩、裁剪、噪声等常规水印攻击，提取得到的水印与原水印的相关系数均高于 0.9，说明该算法对常规水印攻击具有良好的鲁棒性。

4. 水印容量评估

为更好地验证本节算法性能，采用相同载体影像，将本节算法与罗茂和陈建华（2019）、周琳等（2020）算法的水印容量进行对比分析，结果见表 3.8。

表 3.8 本节算法与文献算法的水印容量对比

算法	嵌入水印位/bit	载体影像/像素	嵌入水印容量/（bit/像素）
罗茂和陈建华（2019）	1046	512×512	0.003990
周琳等（2020）	1024	512×512	0.003906
本节算法	4096	512×512	0.015625

由表 3.8 可知，相较之下该算法水印容量更高，可以嵌入更多版权信息。

3.3 基于 MSER 的遥感影像水印算法

在特征点构造的特征区域中嵌入水印会对特征点造成影响，从而影响水印的提取。如何在平衡遥感影像数字水印诸多要求的前提下，减少水印嵌入对特征区域检测造成的影响，是目前需要解决的问题（Zhu et al.，2021）。因此，本节采用 MSER 算法对水印算法进行改良，提出一种基于 MSER 的遥感影像水印算法。该算法包括水印嵌入和水印提取两部分。

水印嵌入时，将影像划分为固定大小的子块，通过 MSER 算子提取子块的最大稳定极值区域，对 MSER 参数进行调整，筛选出稳定、大小适宜的若干 MSER，保证影像在经过几何变换后仍能提取到相同的 MSER；将筛选后的 MSER 拟合为最小矩形，以矩形区域的不变质心为圆心，构造圆形区域作为特征区域，再利用基于矩的归一化方法将特征区域映射到仿射不变空间；然后对归一化特征区域进行小波变换，使用量化规则在低频系数进行水印嵌入；对含水印低频系数进行逆小波变换，从而得到含水印的归一化特征区域，计算水印嵌入前后归一化特征区域的差值图像，对差值图像进行反归一化，再将反归一化差值图像叠加在特征区域上，最大限度减少水印嵌入过程对遥感影像的影响，至此完成了水印的嵌入过程。

在水印提取过程中，对含水印遥感影像依次进行 MSER 提取、特征区域构建、特征区域归一化、归一化特征区域小波变换，得到水印嵌入区域的低频系数，按照量化规则进行水印提取，最终得到水印图像。

具体算法流程图如图 3.12 所示。

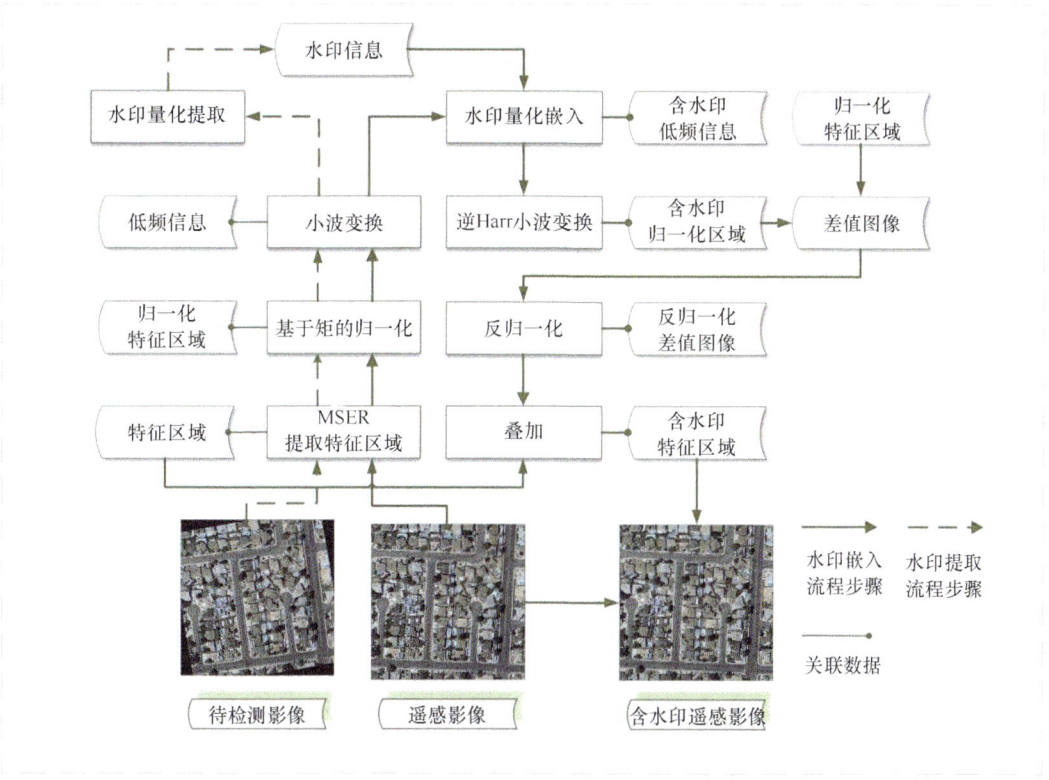

图 3.12 运用 MSER 的遥感影像水印算法流程图

3.3.1 运用 MSER 的遥感影像水印算法步骤

1. 提取影像 MESR

Matas 等（2004）在进行宽基线匹配研究时，参考图像分割领域分水岭算法的思想，提出了 MSER 特征提取算法。MSER 算子首先设置灰度值阈值，阈值以上的影像像素设为白色，阈值以下的像素设为黑色，通过不断调整阈值使得封闭区域出现，当阈值处于变化范围内，且极值点区域的面积变化最小时，该区域被判定为最大稳定极值区域，该区域的几何不变性可以通过该基于矩的归一化操作来实现。经算法提取的 MSER 不仅有良好的抗噪性、稳定性、仿射不变性，而且运算过程简单高效。

影像 MSER 的提取步骤（佟国峰等，2017）如下。

步骤 1：影像灰度值排序。首先对影像实施灰度化处理，并将灰度值由小到大进行快速排序，得到排序后的结果。

步骤 2：搜寻连通区域。基于合并查找算法寻得影像的连通区域，一般从影像的左上角，即最小灰度值处开始寻找。

步骤 3：确定极值区域。i 为灰度值，S_i 为连通区域面积，灰度值在 $[i-\Delta, i+\Delta]$ 的范围内浮动时，相应的连通区域面积变化范围为 $S_{i-\Delta} \sim S_{i+\Delta}$，若该变化区域符合 $(S_{i+\Delta}-S_{i-\Delta})/S_{i+\Delta}<T$ 时，则初步判断该区域是稳定极值区域；当 $S_i<S_{min}$ 或 $S_i>S_{max}$，说明该区域面积不符合要求，将该区域剔除。

基于 MSER 算子构造特征区域的方法与常见的基于特征点的方法有所不同，基于特征点的特征区域往往根据单个稳定特征点的方向与尺度进行构造，当水印信息嵌入时，会修改特征点及其周围点的像素值，影响特征点的稳定性。MSER 则依据区域整体像素值与边缘像素值的关系检测极值区域（Mousavi et al.，2021），在控制水印嵌入强度的前提下，水印嵌入不会影响极值区域的判定。

2. 特征区域构建

利用 MSER 算子进行特征区域提取，会出现多个特征区域交叠而使水印重复嵌入同一区域的问题，且提取过程计算量大、处理时间长（王晓华等，2013）。针对这个问题，通过对影像进行分块处理，保留子块中大小适宜且互不重叠的若干 MSER，使得特征区域在影像中分布均匀，过程如图 3.13 所示，具体步骤如下。

步骤 1：影像分块。将影像划分为 500×500 像素的子块，若影像小于等于预设子块大小则无须分块，若影像大小无法被 500 整除则在影像四周补零至影像可均匀分块。

步骤 2：MSER 提取。对子块逐个进行 MSER 提取，由于子块边缘区域易被误识为极值区域，所以提取范围略小于子块范围。

步骤 3：筛选。将子块中初步提取的 MSER 按照像素大小选取前 5 个 MSER，当提取的 MSER 发生重叠时舍去较小的 MSER。

步骤 4：拟合。提取的 MSER 为不规则区域，为方便后续特征区域的构造，将最终保留的 MSER 拟合为最小矩形。

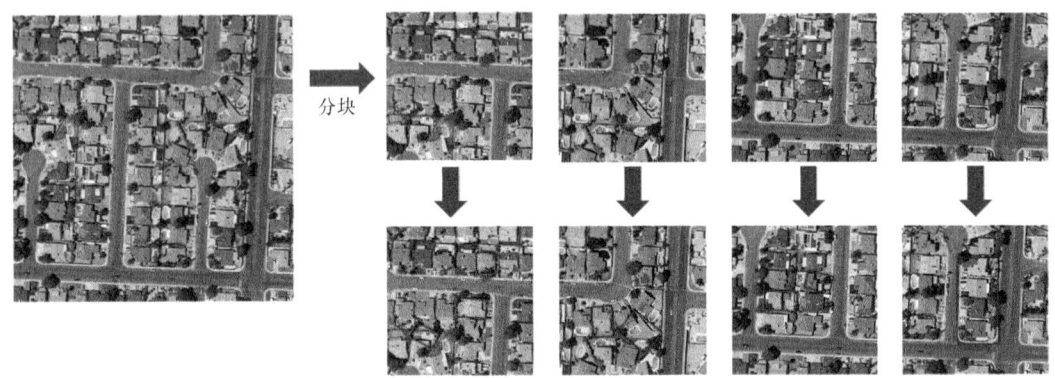

图 3.13　影像中的 MSER 最小矩形

MSER 算子只能保持矩形区域内影像内容的大体相同，并非完全一致，如果直接将水印嵌入拟合后的最小矩形区域中，则会导致水印提取效果不佳，甚至无法提取水印。考虑到圆形区域可以有效抵抗旋转攻击对区域覆盖内容的影响，以最小矩形区域的不变质心为中心，构造圆形特征区域作为水印嵌入区域。

基于矩的归一化技术可以有效抵抗几何攻击对特征区域造成的影响，因此先对圆形特征区域进行归一化处理，将水印嵌入归一化后的特征区域中。

其中，某一特征区域归一化前后如图 3.14 所示。

 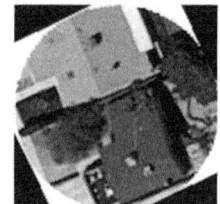 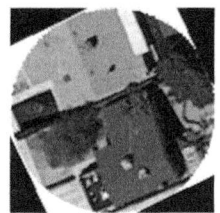 

(a)特征区域　　　(b)归一化特征区域　　　(c)含水印归一化特征区域　　　(d)反归一化含水印特征区域

图 3.14　某一特征区域归一化前后

3. 水印嵌入与提取

1）水印图像预处理

为提高水印图像的安全性，避免嵌入水印影响遥感影像的空间相关性，需要对水印图像进行预处理。该算法使用 Arnold 变换进行置乱处理，通过改变图像像素的排列顺序来产生视觉上的扭曲和变形效果，实现对原始水印图像的加密。Arnold 变换定义见式（3.14），水印预处理结果如图 3.15 所示。

图 3.15　Arnold 变换前后的水印图像

为了保证遥感影像水印的不可感知性，选择在遥感影像的蓝色波段嵌入水印。DWT 具有良好的"时–频"分解特性，符合人眼视觉系统的特性，且具有很好的去噪性能（吴德阳等，2020），所以选择在特征区域的 DWT 域的低频系数中进行水印嵌入。

2）水印嵌入

在水印嵌入操作之前，对所构建的特征区域进行一级小波变换，提取该区域的低频系数。水印的嵌入与提取操作均是在该特征区域的低频系数上进行的，其中水印嵌入的具体过程如下。

步骤 1：提取 MSER。对影像 I 进行分块处理，用 MSER 算子从一系列子块中提取稳定的最大稳定极值区域，得到分布均匀的 MSER，并将不规则的 MSER 拟合为一个矩形区域 Rec_i。

步骤 2：确定特征区域。确定矩形区域 Rec_i 的不变质心 O_i，并以质心 O_i 为圆心，构造直径 $R=128$ 的圆形区域 R_i 作为特征区域。

步骤3：归一化特征区域。对特征区域进行归一化处理，得到归一化特征区域 R_{ri}。

步骤4：嵌入水印。对归一化特征区域 R_{ri} 进行一级小波变换，得低频系数 L_i，并将水印信息嵌入低频系数中，得到含水印的低频系数。

由于需要实现无须原始水印数据的盲检测，因此根据量化规则进行水印嵌入，具体为：选择低频矩阵块 L_i 作为水印嵌入区域，$L_i[m,n]$ 表示为行列位置 m 和 n 的低频系数，ζ 为量化步长，将水印信息 W 嵌入低频系数中，嵌入规则如式（3.16）所示：

$$L_i'[m,n] = \begin{cases} L_i[m,n] - \zeta/2, & W_{m,n}=0 \text{ and } L_i[m,n]\%\zeta > \zeta/2 \\ L_i[m,n] + \zeta/2, & W_{m,n}=1 \text{ and } L_i[m,n]\%\zeta \leq \zeta/2 \\ L_i[m,n], & \text{其他} \end{cases} \quad (3.16)$$

步骤5：获得含水印影像。对含水印的低频系数 L_i' 做逆小波变换，得到含水印的归一化特征区域 R_i'，计算含水印的归一化特征区域 R_i' 与原归一化特征区域 R_{ri} 间的差值图像 D_i，对差值图像 D_i 进行反归一化，得到反归一化差值图像 D_i'，将反归一化差值图像 D_i' 叠加到原始遥感影像的特征区域 R_i 上，得到含水印的遥感影像 I'。

3）水印提取

水印的提取过程是在含水印影像中准确定位原水印嵌入区域，再按照量化规则进行水印提取，其具体步骤如下。

步骤1：提取 MSER。对影像进行分块处理，用 MSER 算子从一系列子块中提取稳定的最大稳定极值区域，得到分布均匀的 MSER，并将不规则的 MSER 拟合为矩形区域 Rec_i^*。

步骤2：确定特征区域。确定矩形区域 Rec_i^* 的不变质心 O_i^*，并以质心 O_i^* 为圆心，构造直径 $R=128$ 的圆形区域 R_i^* 作为特征区域。

步骤3：归一化特征区域。特征区域 R_i^* 进行归一化处理，得到归一化特征区域 R_{ri}^*。

步骤4：提取水印。对 R_{ri}^* 进行一级小波变换，得到低频系数，根据量化规则提取水印信息，得到水印图像 W_i，提取规则如式（3.17）所示。

$$W_{m,n}' = \begin{cases} 1, & L_i'[m,n]\%\zeta > \zeta/2 \\ 0, & L_i'[m,n]\%\zeta \leq \zeta/2 \end{cases} \quad (3.17)$$

3.3.2 算法评估

为了评价所提出算法的性能，本书进行了一系列的实验测试，实验环境为：计算机配置为内存 8GB 的 64 位 Windows10 操作系统，在 Python3.7 下运行。从 DOTA 数据集（Xia et al.，2018）中选取了 3 个不同场景的遥感影像作为载体影像，像素大小分别为 500×500 像素（影像Ⅰ）、1000×1000 像素（影像Ⅱ）、1500×1500 像素（影像Ⅲ），如图 3.16（a）～图 3.16（c）所示。带有"数字水印"字样的二值图像作为水印图像 W，尺寸为 64×64，水印长度 $s=4096$，如图 3.16（d）所示。

第 3 章 栅格空间数据水印算法

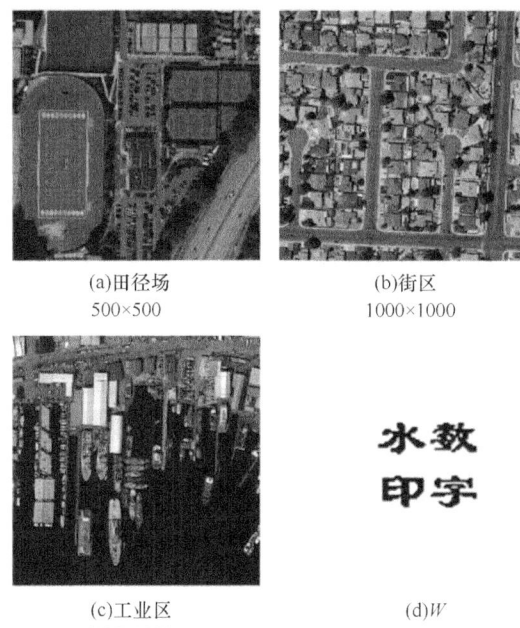

(a)田径场
500×500

(b)街区
1000×1000

(c)工业区
1500×1500

(d)W
64×64

图 3.16 遥感影像[（a）～（c）]和水印图像（d）

1. 不可感知性评估

通过计算，嵌入水印后三幅影像与原影像的 PSNR 分别为 44.36dB、45.03dB、47.68dB，PSNR 的值均在 40dB 以上，表明嵌入水印后的遥感影像仍保持较高质量。以影像 I 作为载体影像，将本节算法与侯翔和闵连权（2017）、周琳等（2020）的不可感知性进行对比，结果如表 3.9 所示。

表 3.9 不可感知性对比

算法	影像大小/像素	PSNR/dB
侯翔和闵连权（2017）	500×500	46.04
周琳等（2020）	500×500	41.62
本节算法	500×500	44.36

影像 I 作为载体影像时，本节算法的 PSNR 为 44.36dB，比周琳等（2020）算法的 PSNR 高出 2.74dB，但略低于侯翔和闵连权（2017）算法。因此，说明本节算法的不可感知性介于侯翔和闵连权（2017）算法与周琳等（2020）算法之间。

2. 影像精度评估

利用非监督分类对原始影像和含水印影像进行精度评价，分类时采用相同的分类方法和参数，本次分类选择分类方法为 K-means 分类，种类数为 5 类，最大迭代 15 次，并通过计算 OA 与 Kappa 系数，进一步验证含水印影像的数据精度。精度评估结果如表 3.10 所示。

表 3.10　精度评估结果

精度评估指标	影像 I	影像 II	影像III
Kappa 系数	0.9751	0.9956	0.9950
OA/%	98.0188	99.6481	99.6354

由表 3.10 可知，对原始影像和含水印影像进行非监督分类，其 OA 均大于 98%，且 Kappa 系数均在 0.97 以上，说明本节算法对遥感影像的影响较小，影像的数据精度能很好地得到控制，不影响影像后期的使用。

3. 算法鲁棒性评估

为评估算法的鲁棒性，需要对含水印遥感影像进行包含旋转、平移、放缩在内的几何变换，对影像进行滤波、压缩、裁剪、噪声等常规水印攻击，并利用本节算法进行水印提取。本次实验分别对含水印的影像 I、影像 II、影像III进行不同程度的旋转变换，从而更好地评估算法对旋转攻击的鲁棒性，并以影像 I 为例，对影像进行其他几何攻击与常规攻击，用从各水印嵌入区域提取得到水印与原水印的最大 NC 来评价水印算法的鲁棒性。

实验结果如表 3.11、表 3.12 所示。

表 3.11　旋转攻击后提取水印的结果

攻击强度	影像 I 提取的水印	NC_{max}	影像 II 提取的水印	NC_{max}	影像III 提取的水印	NC_{max}
5°	水数印字	0.9514	水数印字	0.8796	水数印字	0.9036
10°	水数印字	0.9685	水数印字	0.8931	水数印字	0.8792
20°	水数印字	0.9661	水数印字	0.8684	水数印字	0.8857
30°	水数印字	0.9175	水数印字	0.8911	水数印字	0.8571
45°	水数印字	0.8804	水数印字	0.8823	水数印字	0.8506
90°	水数印字	0.9268	水数印字	0.9258	水数印字	0.9465

由表 3.11 可知，在对三幅不同大小、场景各异的含水印遥感影像进行不同程度的旋转变换时，本节算法仍可以正确检测到水印信息，且提取得到水印与原水印的相关系数均高于 0.85。针对遥感影像处理过程中常用的旋转操作，只需在水印检测时提取相同的特征区域，对特征区域归一化，并在若干特征区域中提取得到清晰的水印信息即可，且提取过程中无须进行影像的几何校正，具有很强的实用性。

以影像 I 为例，对含水印影像进行其他几何攻击与常规攻击，鲁棒性实验结果如表 3.12 所示。

表 3.12 影像 I 其他攻击后提取水印的结果

攻击强度	NC_{max}	攻击强度	NC_{max}	攻击强度	NC_{max}
左平移 5%	0.9814	中值滤波 3×3	0.9460	JPEG 压缩 保留 90%	0.9844
下平移 5%	0.9733	均值滤波 3×3	0.9546	JPEG 压缩 保留 70%	0.9723
裁剪 500×450	0.9814	缩小至 90%	0.9178	高斯噪声 0.03	0.9606
裁剪 400×400	0.9814	放大至 110%	0.9329	椒盐噪声 0.02	0.9290

由表 3.12 可知，本节算法可抵抗诸如平移、缩放、中值滤波、裁剪、JPEG 压缩等水印攻击，提取得到的水印与原水印的相关系数均高于 0.9，说明本节算法对平移、缩放变换与常规水印攻击均具有良好的鲁棒性。由于本节算法嵌入水印时差值图像的反归一化和提取水印时特征区域的归一化会对水印信息造成影响，所以裁剪、平移攻击后提取水印的 NC 没有达到 1。

4. 水印容量评估

为更好地说明算法性能，采用相同载体影像对本节算法与侯翔和闵连权（2017）、周琳等（2020）算法的水印容量进行对比分析，结果见表 3.13。

表 3.13 水印容量对比

算法	嵌入水印位/bit	载体影像/像素	嵌入水印容量/(bit/像素)
侯翔和闵连权（2017）	200	512×512	0.000763
周琳等（2020）	1024	512×512	0.003906
本算法	4096	512×512	0.015625

由表 3.13 可知，相较之下本算法水印容量更高，可以嵌入更多版权信息。

3.4 基于 NSCT 与改进 SIFT 特征点的抗几何水印算法

现有基于 SIFT 特征点的水印算法由于特征区域重叠使算法鲁棒性仍需要进一步提高，不能满足 GF-2 影像版权保护的需求（Wang et al.，2014）。本节采用 Mean Shift 改进后的 SIFT 特征点提取方法，提出一种运用非下采样轮廓波变换（nonsubsampled contourlet，NSCT）与改进 SIFT 特征点的 GF-2 影像数字水印算法。首先，提取 GF-2 影像的 SIFT 特征点，采用 Mean Shift 方法对其进行聚类处理，将所有聚类中心作为影像的关键点，并计算关键点的平均 SIFT 描述符，以保证所生成的影像关键点具有与 SIFT 特征点相同的特征属性；其次，根据关键点构建影像的特征区域，并对其进行几何归一化处理；最后，对特征区域进行 NSCT 分解，选择低频子带进行奇异值分解，根据加性规则，将水印信息的奇异值嵌入低频子带的奇异值中，并通过相应的逆变换得到含水印影像。

3.4.1 算法原理

该算法实现步骤为：首先利用 Mean Shift 方法改进 SIFT 算法，优化并保留性质稳定且数量适宜的 GF-2 影像 SIFT 特征点，随后利用几何归一化技术构建具有旋转不变性的 SIFT 特征区域，并选取特征区域经 NSCT 变换分解得出低频子带，设计 SVD 水印嵌入机制，将经过 Arnold 变换的水印信息嵌入其中，最后通过逆变换得到最终含水印影像。算法流程图如图 3.17 所示。

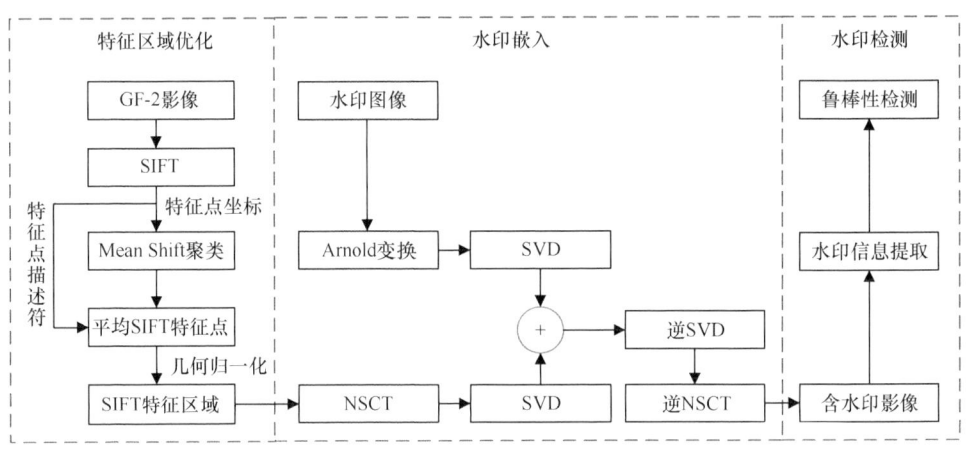

图 3.17 基于 NSCT 与改进 SIFT 特征点的抗几何水印算法流程图

3.4.2 改进的 SIFT 提取算法与特征区域确定

1. 改进的 SIFT 特征点提取算法

由于 GF-2 影像存在地物信息丰富、数据量大的特点，所提取出的 SIFT 特征点数量繁多，因此不利于后续特征区域的构建。Mean Shift 方法是一种非参数的概率密度梯度估计算法，已成功应用于数字水印研究领域。该方法聚类效率高，对 SIFT 特征点的优化处理具有可行性。因此，本节选择 Mean Shift 方法对所提取出的 SIFT 特征点进行筛选与优化处理。Mean Shift 聚类过程如下。

步骤 1：给定一个样本 x_i，计算其各样本点的 Mean Shift 向量 $m_{h,G}(x)$，定义如式（3.18）所示。

步骤 2：对各样本点进行 Mean Shift 迭代直到收敛，即当 $m_{h,G}(x)=0$ 时，得到稳定的参考点，过程如式（3.19）所示。

步骤 3：将该参考点作为中心可得到聚类。其中，输入的样本点将归类到稳定参考点所在的类别中。

步骤 4：若任意两个类别的聚类中心距离小于阈值时，将其合并，否则聚类结束。

$$m_{h,G}(x) = \frac{\sum_{i=1}^{n} x_i g\left(\left\|\frac{x-x_i}{h}\right\|^2\right)}{\sum_{i=1}^{n} g\left(\left\|\frac{x-x_i}{h}\right\|^2\right)} - x \tag{3.18}$$

式中，x_i 为给定样本，其中 $i=1, \cdots, n$；$g(\cdot)$ 为核函数的导数；h 为核半径。

$$x_j = x_i + m_{h,G}(x_i) \tag{3.19}$$

式中，x_j 表示经过迭代后的稳定参考点，其中 $j=1, \cdots, n$；$m_{h,G}(x_i)$ 为 x_i 的 Mean Shift 向量。

本节算法以提取到的 SIFT 特征点坐标作为样本值，通过 Mean Shift 聚类后，为同一聚类中的关键点计算平均 SIFT 描述符，计算公式如式（3.20）所示。

$$\overline{d_i}(j_0) = \frac{\sum_{d_k \in \Theta_h} d_k(j_0)}{N_{\Theta_h}}, j_0 = 1,2,\cdots,128 \tag{3.20}$$

式中，d_k 为聚类群中的 SIFT 描述符，k 表示聚类群的个数；$\overline{d_i}(j_0)$ 为平均 SIFT 描述符，其中 j_0 为描述符中的 128 维索引，i_0 为特征点的个数；Θ_h 为聚类后的特征点集；N_{Θ_h} 为具有相似位置关键点的个数。

2. SIFT 几何不变特征区域的确定

由于圆形区域具有旋转不变性，且在定位时仅需唯一的特征点，故本节算法对经过聚类的 SIFT 特征点，在确定其位置 (x', y')、方向 θ_0、尺度 S 后，以 R 为半径构造圆形区域。

$$(x-x_i)^2 + (y-y_i)^2 = (R_s)^2 \tag{3.21}$$

提取出的 GF-2 影像 SIFT 特征点数量较大，对于所选取特征点的尺度范围需要进行定量规范，过小的尺度会导致几何攻击后无法成功检测到水印信息；而尺度过大，则会导致特征区域发生重叠现象，使鲁棒性变差。因此，进一步对特征点的间距 D 进行一次筛选。

$$D \geqslant \frac{M+N}{k} \tag{3.22}$$

式中，M、N 分别为影像宽度与高度；k 为常数。

将所得圆形特征区域周围补 0，构造外接矩形图像，并对矩形图像进行归一化操作，以减小几何变换对图像的影响。本节算法将除去归一化图像四周黑色区域的圆形区域作为水印嵌入区域，其圆心为归一化图像的几何中心。为便于在变化域中进行水印嵌入操作，将圆形区域坐标转化为极坐标。

3. NSCT 变换

NSCT 继承了 Contourlet 变换多尺度几何变换的优良特性，当表示图像不同方向上的平滑轮廓时，比 Contourlet 变换和离散小波变换更有效，被广泛应用于图像增强、图像融合、数字水印等领域。NSCT 的主体结构分为非下采样金字塔滤波器组（non-subsampled pyramid，NSP）与非下采样方向性滤波器组（non-subsampled directional filter Banks，NSDFB），如图 3.18 所示。这两组滤波器都是双通道滤波器组，其中 NSP 可保证 NSCT 具有多尺度性，NSDFB 可保证 NSCT 具有多方向性，没有上、下采样操作。因此，NSCT 具有平移不变性、多尺度性、多方向性，以及高效性。故本节将其与 SVD 结合获得更多的系数嵌入水印。

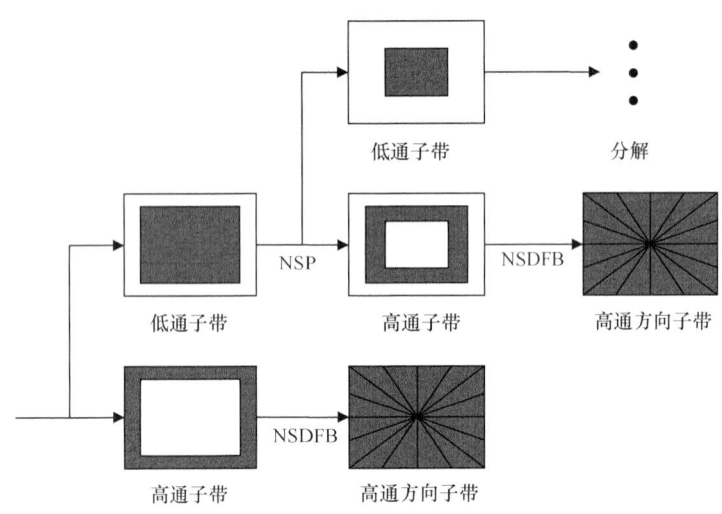

图 3.18　NSCT 原理示意图

3.4.3　水　印　方　案

1. 水印信息预处理

鉴于 GF-2 影像后续应用所具备的条件，本节算法选择猫脸变换方法对原始水印信息进行置乱预处理，提高嵌入水印的安全性。

2. 水印嵌入

在 NSCT 变换中，所提取的子带信息中含有相对高分量引起的模糊纹理。因此，本节算法利用 SVD 分解建立特征区域在 NSCT 域的奇异值矩阵，在保证 GF-2 影像质量与图像感的前提下，尽可能增大水印的嵌入强度。同时，结合 SIFT 特征区域抗几何的特点，极大程度地提高水印算法的鲁棒性。

水印的嵌入过程如图 3.19 所示，具体步骤如下。

步骤 1：读取原始数据。选取 GF-2 影像，尺寸为 $M \times N$。

步骤 2：读取二值水印信息为 W_0，将原始水印信息 W_0 进行 Arnold 置乱后得到水印 W，保存变换次数为密钥 K_1，水印信息长度为 $Z \times L$。

步骤 3：对影像进行 SIFT 特征点提取，利用 Mean Shift 聚类并构造适于水印嵌入的特征区域，保留聚类后特征点的坐标信息为密钥 K_2。

步骤 4：对所确定特征区域进行 NSCT 分解，得到低频子带 L_0，并对 L_0 进行 SVD 分解，公式如式（3.23）所示，得到 Σ_0 中的奇异值 λ_0（保存 U_0、V_0 为密钥 K_3）。

步骤 5：利用式（3.24）对水印 W 进行 SVD 分解，得到 Σ_W 中的奇异值 λ_W（U_W、V_W 保存于密钥 K_3）。

步骤 6：依据式（3.25）将奇异值 λ_W 嵌于低频子带 L_0 的奇异值 λ_0 中。

步骤 7：对已嵌入水印信息奇异值的低频子带奇异值 $\lambda_{L'}$ 进行逆 SVD 得到 L_1。

步骤 8：对低频子带 L_1 进行逆 NSCT 变换，还原为所选 SIFT 特征区域，并得到含水印影像。

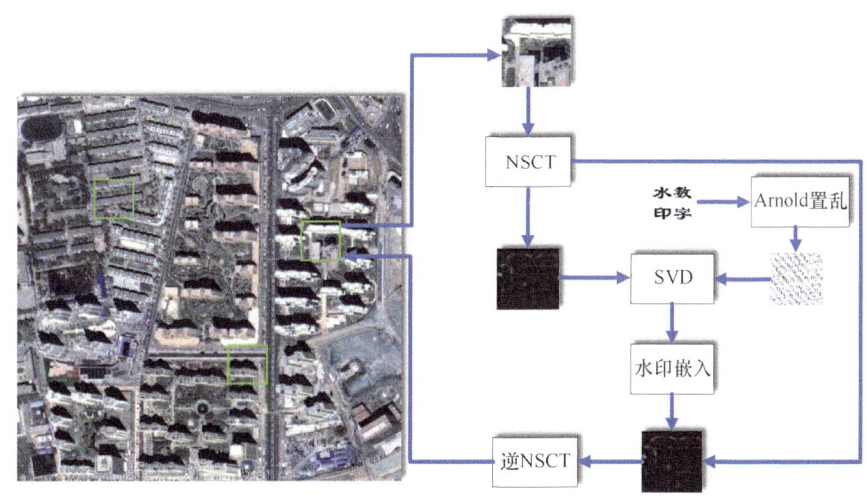

图 3.19　水印嵌入过程

$$A_0 = U_0 \Sigma_0 V_0 \tag{3.23}$$

式中，Σ_0 为奇异值矩阵；U_0 为左奇异矩阵；V_0 为右奇异矩阵。

$$A_W = U_W \Sigma_W V_W \tag{3.24}$$

式中，Σ_W 为奇异值矩阵；U_W 为左奇异矩阵；V_W 为右奇异矩阵。

$$\lambda_{L'} = \lambda_0 + \alpha \lambda_W \tag{3.25}$$

式中，α 为水印强度。

本节算法通过筛选、过滤 GF-2 影像 SIFT 特征点的方式构建特征区域，并在特征区域的 NSCT 域内进行水印的嵌入，满足了算法抗几何攻击的目的，并且使该算法的鲁棒性有了极大的提升，故而适用于 GF-2 影像的版权保护。

3. 水印提取

水印的提取过程即嵌入的逆过程，其流程如图 3.20 所示，具体过程如下。

步骤 1：读取含水印影像与原始影像。

步骤 2：对含水印影像与原始影像进行 SIFT 特征点提取操作，并依据密钥 K_2 确定特征区域。

步骤 3：分别对所确定特征区域进行 NSCT 分解，得到低频子带 L_1，并用 SVD 提取其奇异值 $\lambda_{L'}$ 与 λ_0。

步骤 4：利用式（3.26）得到水印信息奇异值 λ_W，并通过密钥 K_3 逆 SVD 得到未解密的水印信息 W。

$$\lambda_W = \frac{\lambda_{L'} - \lambda_0}{\alpha} \tag{3.26}$$

步骤 5：根据保存的密钥 K_1 确定 Arnold 变换次数，随后对所提取的水印信息进行 Arnold 变换，进而得到水印信息 W_0。

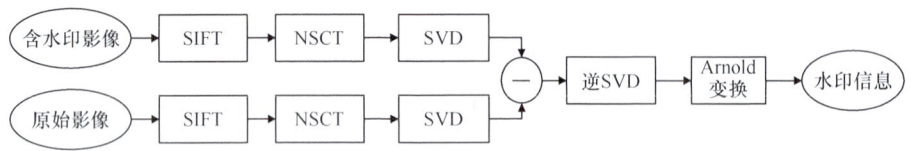

图 3.20　水印提取过程

3.4.4　算法验证与性能评价

为对算法的可用性与鲁棒性进行验证，本节选用两块 GF-2 影像数据，如图 3.21 所示。选用其中满足人类视觉系统的红、绿、蓝 3 个波段合成的影像，并对数据进行辐射校正、几何校正、图像融合等预处理。实验搭载 2.20GHz 的 CPU、内存为 16G 的计算机硬件平台。实验平台为 PyCharm，编程语言采用 Python 3.7，数据的读取与处理使用 GDAL 库。

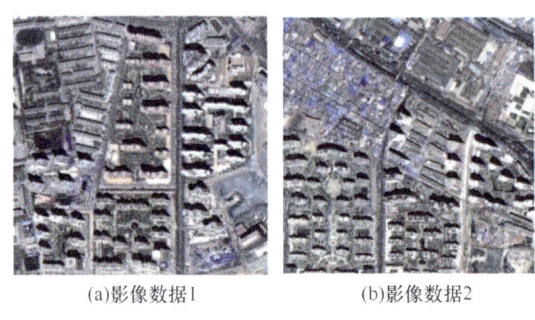

图 3.21　实验数据

利用 SIFT 算子对 GF-2 影像进行特征点提取，结果如图 3.22 所示，可见特征点数量繁多且分布密集，无法直接构建合理且适宜的特征区域。通过 Mean Shift 方法对提取到的 SIFT 特征点进行优化，所得结果如图 3.23 所示。可见，其中 SIFT 特征点数量适宜，对于后续构建 SIFT 特征区域以及在 NSCT 域中的水印嵌入操作提供了保障。

(a)影像1 SIFT特征点　　　　　　(b)影像2 SIFT特征点2

图3.22　SIFT 特征点

(a)影像1优化后SIFT特征点　　　(b)影像2优化后SIFT特征点

图3.23　优化后的 SIFT 特征点

1. 不可感知性分析

通过不可感知性检测检验本节算法的性能,并与 NARASIMHULU 等(2011)中 NSCT 与 SVD 相结合的水印算法进行对比。利用本节算法与 NARASIMHULU 等（2011）算法分别在图 3.21 的两幅 GF-2 数据中嵌入水印信息,可见本节算法结果[图 3.24（a）、图 3.24（c）]与 NARASIMHULU 等（2011）算法结果[图 3.24（b）、图 3.24（d）]在主观视觉评价标准下,和原始影像相比,道路、建筑物等地物信息并无肉眼可辨的差异。因此,为客观检验出本节算法的不可感知性,还需进行定量对比分析。

(a)本节算法含水印影像1　　　　(b)NARASIMHULU等水印影像1

(c)本节算法含水印影像2　　　　　　(d)NARASIMHULU等水印影像2

图 3.24　含水印影像对比

定量分析采用峰值信噪比作为水印不可感知性的评价标准。PSNR 值越高，说明水印不可感知性越好。由表 3.14 可以看出，本节算法得到的含水印影像的 PSNR 值均高于 42，明显优于 NARASIMHULU 等（2011）含水印影像的 PSNR 值。综上，本节算法结合了 SIFT 与 NSCT 变换域方法的优点，故而含水印影像的视觉效果良好，PSNR 值较高，说明嵌入水印后影像质量未受到明显影响，从客观定量分析的角度进一步说明该算法的有效性与水印的不可见性。

表 3.14　不可感知性评估结果

数据	本算法	NARASIMHULU 等（2011）
影像 1	42.6075	37.9219
影像 2	43.0762	38.1574

2. 鲁棒性分析

为检测本节算法的鲁棒性，分别对含水印影像进行常规影像攻击和几何攻击操作，并与 NARASIMHULU 等（2011）、王潇等（2017）结果进行对比。本节算法鲁棒性一般用归一化相关系数作为评价标准，提取出的水印与原始水印越相似，相关系数越接近于 1。

1）常规影像攻击

本实验采用椒盐噪声和中值滤波对嵌入水印后的影像进行攻击，评估了本算法在面对常见影像操作时的鲁棒性，并与相关文献中的算法结果进行了对比，具体数据见表 3.15。从表 3.15 可以看出，本节算法能够抵抗低通滤波、JPEG 压缩等多种常规影像攻击。

2）几何攻击

为检测本节算法的抗几何鲁棒性，本实验采用裁剪、旋转、缩放等攻击方式对已嵌入水印的影像 1 和影像 2 进行鲁棒性测试,并和 NARASIMHULU 等(2011)、王潇等(2017)结果对比,结果如表 3.16 所示,其中 NARASIMHULU 等(2011)将 NSCT 与 SVD 相结合实现水印信息的嵌入,而王潇等(2017)利用 QR 码生成水印信息,并将其嵌入载体影像经离散余弦变换后的直流系数中。可以看出,本节算法在经过多种几何攻击后,所提出的水印信息与原始水印信息几乎无差异,相对于裁切攻击,仅需保留一个特征区域就能实现水印的提取操作,所得结果的 NC 值均接近于 0.9,虽稍逊于王潇等(2017)的结果,但均可以提取出较完整的水印信息。

表 3.15 常规攻击后的相关系数

攻击类型	影像 1NC 值		影像 2NC 值	
	本节算法	NARASIMHULU 等(2011)	本节算法	NARASIMHULU 等(2011)
椒盐噪声 0.05	1.0000	1.0000	1.0000	1.0000
低通滤波	1.0000	1.0000	1.0000	1.0000
JPEG 压缩	0.9793	0.8643	0.9722	0.8552
直方图均衡	0.9756	0.9622	0.9549	0.8238

表 3.16 几何攻击后的相关系数

攻击类型	影像 1NC 值			影像 2NC 值		
	本节算法	NARASIMHULU 等(2011)	王潇等(2017)	本节算法	NARASIMHULU 等(2011)	王潇等(2017)
裁切 1/5	1.0000	0.8636	1	1.0000	0.8568	1
裁切 1/3	0.9647	0.5352	1	0.9615	0.4789	1
裁切 1/2	0.8643	—	1	0.8552	—	1
旋转 5°	1.0000	0.4397	0.9153	1.0000	0.4096	0.9492
旋转 10°	0.9604	0.3557	0.8462	0.9527	0.2991	0.9174
旋转 25°	0.9396	—	0.7943	0.9296	—	0.8692
缩放 60%	0.9195	0.6583	0.8731	0.9108	0.5989	0.8914
缩放 80%	0.9378	0.7548	0.7992	0.9378	0.7449	0.7321
缩放 120%	0.9441	0.8142	0.8576	0.9487	0.8201	0.7471

此外,本节算法在经过旋转、缩放等方式的几何攻击后提取到的水印信息与原始水印信息的 NC 值都接近于 1,效果均优于其他两种算法,说明本节算法面对以上多种几何操作时,均能达到良好的鲁棒性。

3.5 小　　结

本章分析了栅格空间数据水印技术的研究与应用,提出了多种针对遥感影像的水印算法，主要侧重于提升抗几何攻击的鲁棒性和水印不可感知性。结合小波变换、多分辨率分析、SIFT 特征点及其不变性，提出了适用于 GF-2 影像的双重水印方案，增强了对图像缩放、旋转等操作的抗性。针对几何攻击，本章引入 ASIFT、MSER 特征点和 Mean Shift 聚类等技术，提出了多种抗几何攻击的盲水印算法，这些算法在保证水印鲁棒性的同时，兼顾影像的精度和不可感知性，实验表明它们能有效抵御压缩、裁剪、滤波等多种常见攻击。通过结合 NSCT 与 SVD 技术，提升了水印的嵌入稳定性与抗几何攻击能力，为遥感影像及 GF-2 影像的版权保护提供了高效、安全的技术保障。

第 4 章　三维空间数据水印算法

三维空间数据是一种用于描述物体形状、位置及其在三维空间中关系的数据类型，广泛应用于地理信息系统（GIS）、建筑设计、虚拟现实（VR）、城市规划等领域（Pan et al.，2020）。其特点包括精确的空间表达、复杂的结构、多维信息整合以及丰富的视觉呈现能力。由于其高度的精确性和广泛应用，三维数据具有极高的商业和科研价值（Cox et al.，2022）。版权保护对于三维空间数据尤为重要，因其获取和制作过程往往需要大量的人力、物力和技术投入。通过版权保护，可以防止数据未经授权被使用、修改或传播，保障开发者的合法权益，促进数据的共享与合法利用，从而推动技术进步和行业的持续发展。

4.1　运用格网划分的三维点云数据数字水印算法

针对现有的三维点云数据数字水印算法对随机增点、简化和裁剪等攻击鲁棒性不足的问题，本节提出一种格网划分的三维点云数据数字水印算法。首先，将三维点云数据分别沿 X、Y 和 Z 轴进行投影，并在对应的投影平面上进行均匀格网划分；其次，对分块后每一个格网中的顶点坐标进行归一化处理；然后，运用映射方法建立归一化坐标与水印信息之间的对应关系；最后，运用 QIM 的方法，分别通过修改归一化后的 X、Y 和 Z 坐标以嵌入水印信息。利用分块重复嵌入和映射方法，算法的鲁棒性得到了增强，实现水印的盲检测。实验表明，该算法对常见的平移、缩放、随机增点、简化和裁剪等攻击具有良好的鲁棒性，并且具有良好的不可见性，为三维点云数据的版权保护提供了一种新的解决方案（张紫怡等，2023）。

4.1.1　数据预处理与水印算法实现

该算法的流程图如图 4.1 所示。

水印嵌入首先将三维点云数据沿 X、Y 和 Z 轴分别进行投影，并在相应的平面上构建最小外接矩形（minimum bounding rectangle，MBR）进行均匀格网划分，利用归一化和量化嵌入的方法将水印信息分别嵌入 X、Y 和 Z 坐标上。以沿 Z 轴投影在 XY 平面上为例，在 XY 平面上进行均匀格网划分，然后分别对每一个格网的 X、Y 和 Z 坐标进行归一化处理，在水印嵌入过程中，利用归一化后的 X 坐标和 Y 坐标建立水印索引。最后利用量化索引调制的方法将水印信息嵌入 Z 坐标上。

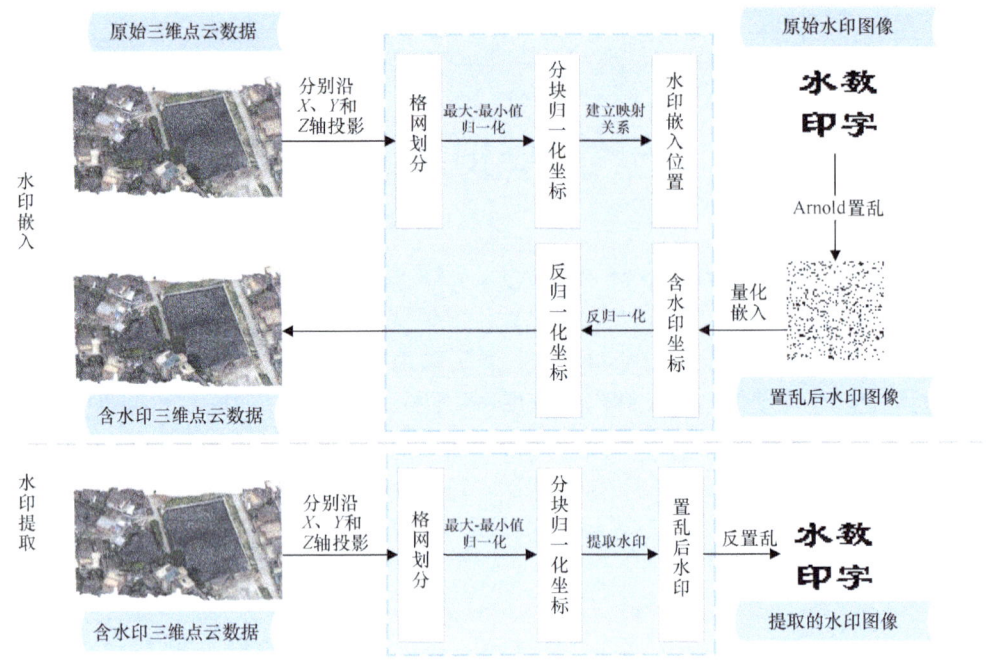

图 4.1 运用格网划分的三维点云数据水印算法流程图

1. 格网划分

由于三维点云数据量庞大、覆盖范围广、分布不规则,且地物表面形态复杂,具有显著的地理特征,因此在进行点云分割、单体提取等数据处理时,对水印算法的抗裁剪能力提出了较高要求。而格网划分是抵抗裁剪攻击常见的方法(侯翔等,2018)。因此,将三维点云数据分别沿 X、Y 和 Z 轴进行投影并进行均匀格网划分以嵌入水印信息。现以沿 Z 轴投影在 XY 平面上为例,其具体步骤如下。

步骤 1:读取三维点云数据的顶点坐标集合 P,计算 X 和 Y 坐标的最大值和最小值,分别为 X_{max}、X_{min}、Y_{max}、Y_{min}。构建三维点云数据在 XY 平面上的 MBR。

步骤 2:将 P 划分为互不包含的 $S=k\times m$ 个区域。设 D_x 和 D_y 分别为 X 和 Y 方向上的单元格网长度,计算如式(4.1)和式(4.2)所示。

$$D_x = (X_{max} - X_{min})/k \tag{4.1}$$

$$D_y = (Y_{max} - Y_{min})/m \tag{4.2}$$

式中,k 和 m 分别为 X 和 Y 坐标均匀划分的个数。

步骤 3:分别计算每一个格网中 X 坐标和 Y 坐标的最大值和最小值,计算如式(4.3)~式(4.6)所示。

$$x_{min}(i,j) = X_{min} + D_x \times (i-1) \tag{4.3}$$

$$y_{min}(i,j) = Y_{min} + D_y \times (j-1) \tag{4.4}$$

$$x_{max}(i,j) = X_{min} + D_x \times i \tag{4.5}$$

$$y_{\max}(i,j) = X_{\min} + D_y \times j \tag{4.6}$$

式中，$x_{\max}(i,j)$ 和 $x_{\min}(i,j)$ 分别为每个格网内 X 坐标的最大值和最小值；$y_{\max}(i,j)$ 和 $y_{\min}(i,j)$ 分别为格网内 Y 坐标的最大值和最小值；(i,j) 表示分块序列，$i \in \{1,2,\cdots,k\}, j \in \{1,2,\cdots,m\}$。

同理，沿 X 轴投影在 YZ 平面和沿 Y 轴投影在 XZ 平面上进行均匀格网划分的步骤与上述具体步骤一致。

2. 数据归一化

数据归一化处理被广泛应用于数据处理中，使数据具有统一性和可比性。由于不同的空间数据存在单位不一致的问题，为了能在不同类型的地理空间数据中嵌入水印信息，在水印信息嵌入前，需要对数据进行归一化处理。同时，可以使数据具有平移、缩放不变性（张黎明等，2015b）。该算法以划分好的格网为单位，取每个格网中坐标的最大值和最小值，分别对格网中点云数据的顶点坐标进行归一化处理，以 X 坐标为例，归一化计算如式（4.7）所示。

$$x'_{(i,j)} = \frac{x_{(i,j)} - x_{\min}(i,j)}{x_{\max}(i,j) - x_{\min}(i,j)} \tag{4.7}$$

式中，$x_{(i,j)}$ 为该格网内点 X 坐标的集合；$x_{\max}(i,j)$ 和 $x_{\min}(i,j)$ 分别为每个格网内 X 坐标的最大值和最小值；$x'_{(i,j)} \in [0,1]$ 为归一化后的值。同理，Y 坐标的归一化过程与 X 坐标一致，Y 坐标归一化后的值记为 $y'_{(i,j)}$。

在对 Z 坐标嵌入水印信息时，为了使数据能够抵抗平移和缩放攻击，需对 Z 坐标也进行归一化处理。对 Z 坐标进行归一化处理时，取每个格网内点的 X 坐标的最大值和最小值进行归一化计算。具体步骤如下。

步骤 1：计算每个格网内 Z 坐标的最大值 $z_{\max}(i,j)$ 和最小值 $z_{\min}(i,j)$。若 $z_{\min}(i,j) \geqslant x_{\min}(i,j)$，且 $z_{\max}(i,j) \leqslant x_{\max}(i,j)$，则按照式（4.7）对 Z 坐标进行归一化计算。

步骤 2：若 $z_{\min}(i,j) \leqslant x_{\min}(i,j)$，且 $z_{\max}(i,j) \leqslant x_{\max}(i,j)$，则需对 $x_{\min}(i,j)$ 缩小为原来的十分之一之后，再按照式（4.7）进行归一化计算。

步骤 3：若 $z_{\min}(i,j) \geqslant x_{\min}(i,j)$，且 $z_{\max}(i,j) \geqslant x_{\max}(i,j)$，则需对 $x_{\max}(i,j)$ 扩大 10 倍之后，再按照式（4.7）进行归一化计算。

若上述条件均不满足，可以相应的将 $x_{\min}(i,j)$ 缩小为原来的 1%或将 $x_{\max}(i,j)$ 扩大 100 倍，以此类推，直至满足条件后对 Z 坐标进行归一化，将 Z 坐标归一化后的值记为 $z'_{(i,j)}$。

同理，在对 X 和 Y 坐标嵌入水印信息时，与上述具体步骤一致。由于嵌入水印后的数据还需使用极值反归一化，为尽可能减小数据误差，不影响水印的提取，在极值数据中不能嵌入水印信息。

3. 水印嵌入步骤

水印嵌入的整体流程如下：

步骤 1：读取三维点云数据 P，沿 Z 轴投影在 XY 平面上对其进行格网划分并分别进行归一化处理，获得每块点云数据归一化后的坐标值 $V'_{(i,j)} = \left(x'_{(i,j)}, y'_{(i,j)}, z'_{(i,j)}\right)$。其中，$V'_{(i,j)}$ 为归一化后的坐标值；(i,j) 表示分块序列，$i \in \{1,2,\cdots,k\}, j \in \{1,2,\cdots,m\}$。

步骤 2：利用 Arnold 变换置乱原始水印图像并对其进行二值化处理，得到二值序列 $W = \{w[j]\}, j \in [0, l-1]$，$l$ 表示水印长度。

步骤 3：将归一化后的 X 和 Y 坐标放大 10^n 倍，记为 X'_n 和 Y'_n，由式（4.8）计算索引值 index。

$$\text{index} = \lfloor X'_n + Y'_n \rfloor \bmod 1 \tag{4.8}$$

式中，符号 $\lfloor \cdot \rfloor$ 表示取整。

步骤 4：应用 QIM 方法，对归一化后的 Z 坐标扩大 10^u 倍后嵌入水印，通过式（4.9）计算嵌入水印后的 Z'。

$$Z' = \begin{cases} z' - r/2, \left(z' \times 10^u\right) \bmod r > \dfrac{r}{2}, W[\text{index}] = 0 \\ z' + r/2, \left(z' \times 10^u\right) \bmod r \leqslant \dfrac{r}{2}, W[\text{index}] = 1 \\ z', \left(z' \times 10^u\right) \bmod r > \dfrac{r}{2}, W[\text{index}] = 1 \\ z', \left(z' \times 10^u\right) \bmod r \leqslant \dfrac{r}{2}, W[\text{index}] = 0 \end{cases} \tag{4.9}$$

式中，r 为量化值；z' 为归一化后的 Z 坐标值；Z' 为嵌入水印后的值；$W[\text{index}]$ 表示该位的水印值。

步骤 5：将嵌入水印后的 Z' 缩小 10^u 倍，并利用式（4.10）反归一化。

$$Z'' = x_{\min}(i,j) + \left(x_{\max}(i,j) - x_{\min}(i,j)\right) \cdot Z' \tag{4.10}$$

式中，Z'' 为反归一化后的含水印 Z 坐标，反归一化是归一化的逆过程，对格网中 X 坐标的最大值和最小值进行同样倍数的扩大或缩小。

步骤 6：根据以上方式对所有块的点云子集进行水印的嵌入，并将所有点云子集进行合并。

步骤 7：根据步骤（1）～（6）分别将点云数据沿 X 和 Y 轴投影，将水印信息重复嵌入 X 和 Y 坐标上，最后得到含水印的三维点云数据 P'。

4. 水印提取步骤

水印提取是水印嵌入的逆过程，由于该算法将点云数据投影三次后，分别嵌入 X、Y 和 Z 坐标中，因此水印提取步骤相同。以 Z 坐标为例，具体步骤如下。

步骤 1：读取含水印信息的点云数据 P'，进行格网划分并分别归一化处理，获得每块点云数据归一化后的坐标值 $V'_{(i,j)} = \left(x'_{(i,j)}, y'_{(i,j)}, z'_{(i,j)} \right)$。

步骤 2：对归一化后的 X 和 Y 坐标放大 10^n 倍，记为 X'_n、Y'_n，由式（4.8）计算索引值 index，n 的取值与嵌入时 n 的取值相同。

步骤 3：在水印提取过程中采用 QIM 量化方法提取水印位。由于在水印嵌入过程中，水印被重复嵌入，因此通过投票原则来确定置乱的水印信息 W'，量化值 r 取值与嵌入时相同。

步骤 4：将提取的 W' 根据 Arnold 变换进行反置乱，得到原始水印图像。

4.1.2 水印算法评估

为了验证本节水印算法的实用性，需要对嵌入水印信息的三维点云数据进行不可感知性和鲁棒性评估。模拟实验在 Windows 11 环境下采用 Python 3.7 进行。实验选用 4 幅不同地理场景的 PCD 格式三维点云数据进行验证，如图 4.2 所示。水印信息为含有"数字水印"字样，大小为 64 像素×64 像素的图像，如图 4.3 所示。此外，模拟实验中主要参数设置如下：$k = 3, m = 3, n = 4, u = 8, r = 50$。

数据(a) 数据(b)

数据(c) 数据(d)

图 4.2 实验数据图

图 4.3 水印信息二值图像

1. 不可见性分析

为了检验本节算法中水印信息嵌入对三维点云数据的精度影响,从主观视觉和客观指标两方面对比嵌入水印前后的三维点云数据之间的差别。

1)主观视觉分析

以图 4.2 中的数据(a)为例,嵌入水印前后的数据及其细节对比如图 4.4 所示,肉眼无法察觉数据嵌入水印前后的区别,因此从主观视觉效果上可以认定该算法具有较好的不可感知性。

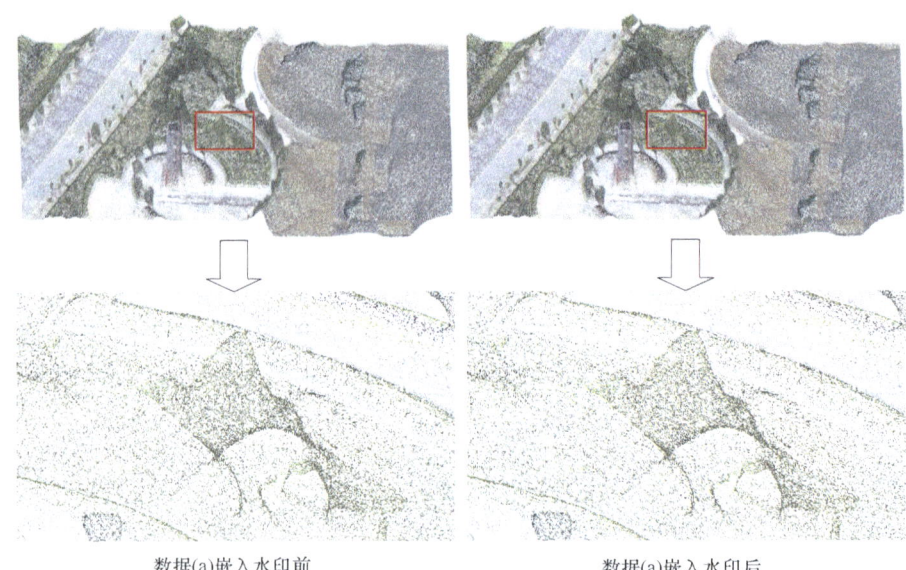

数据(a)嵌入水印前　　　　　　　　　数据(a)嵌入水印后

图 4.4　数据嵌入水印前后对比

2)客观指标分析

模拟实验中 4 幅数据的基本参数以及嵌入水印前后数据的豪斯多夫距离(HD)、峰值信噪比(PSNR)和均方根误差(RMSE)值如表 4.1 所示。由表 4.1 可知,4 幅数据的 HD 和 RMSE 值整体偏小,参数 PSNR 的值在 30 dB 以上,即说明该算法在嵌入水印前后数据失真较小,有较好的不可见性。

表 4.1　实验数据基本参数及不可见性分析

数据	顶点个数	HD/10^{-5}	PSNR/dB	RMSE/10^{-5}
(a)	769619	2.281	90.076	1.405
(b)	1255491	2.364	90.554	1.424
(c)	694373	2.300	90.384	1.429
(d)	1132693	2.899	91.489	1.667

2. 鲁棒性分析

1）几何攻击

该实验的几何攻击包括平移和缩放攻击,实验结果如表 4.2 所示。该算法在不同强度的平移和缩放攻击下,均能提取到 NC 值为 1 的水印图像,具有良好的鲁棒性。在算法中由于要进行格网划分,因此在对点云数据进行旋转后,构建的 MBR 会发生较大变化,无法提取水印,故算法对于旋转攻击不具有鲁棒性。

表 4.2 几何攻击实验结果

攻击方式	攻击强度	提取效果	NC 值
平移	沿 X 平移 100 m	水数印字	1.000
	沿 Y 平移 100 m	水数印字	1.000
	沿 XYZ 平移 100 m	水数印字	1.000
缩放	20%	水数印字	1.000
	4 倍	水数印字	1.000

2）重排序攻击

经过格式转换等操作,三维点云数据的存储顺序会发生变化。因此,在设计点云数据的数字水印算法时,需要考虑顶点重排序攻击(徐涛等,2013)。由于该算法是在顶点坐标中嵌入水印信息,与顶点的存储顺序无关,因此可以抵抗重排序攻击。实验结果如表 4.3 所示。

表 4.3 重排序攻击实验结果

	数据（a）	数据（b）	数据（c）	数据（d）
提取效果	水数印字	水数印字	水数印字	水数印字
NC 值	1.000	1.000	1.000	1.000

3）裁剪攻击

点云分割有助于进行点云数据的场景分析，如定位、分类、目标识别和特征提取等，是三维点云数据处理的关键环节之一（Chen et al., 2023）。表4.4统计了在不同裁剪比例及裁剪位置情况下，以数据（b）为例，该算法可提取到的最优水印图像。该算法中，为了避免某个方向上极值被裁剪掉，将点云数据分别沿三个轴方向进行投影。因此，仅当同时裁剪掉 X、Y 和 Z 坐标的极值这种特殊情况时，算法鲁棒性较差，无法提取有效的水印信息。

表 4.4 裁剪攻击实验结果

裁剪比例	裁剪位置	提取效果	NC 值
30%		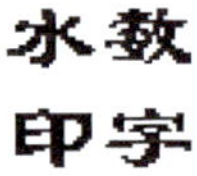 水数印字	1.000
40%		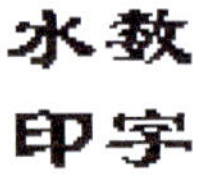 水数印字	1.000
50%		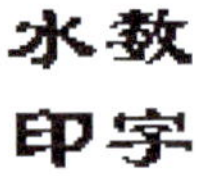 水数印字	1.000
60%		 水数印字	0.953

4）简化攻击

由于扫描的点云数据的数据量过大，会产生大量的冗余点，因此在点云数据处理中，精简点云数据也是一种非常普遍的数据处理方式。该算法采取的投影原则可以消除简化攻击带来的误差。如表4.5所示，实验结果分别展示了不同比例下被简化的点云数据，在简化80%的强度下依然可以提取到水印信息，因此所提出的方案对于简化攻击有较强的鲁棒性。

5）随机增点攻击

随机增点是三维点云数据中常见的一种攻击方式，在水印提取时采用投票原则可以消除随机增点攻击带来的误差。由表4.6可知，即使增加80%的冗余点，依然可以提取大于0.8的NC值。因此，该算法对随机增点攻击具有良好的鲁棒性。

表 4.5 简化攻击实验结果

数据	攻击强度	简化攻击强度 40%	60%	80%
(a)	简化的点云数据			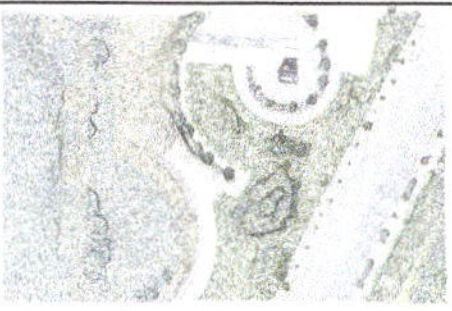
	提取效果	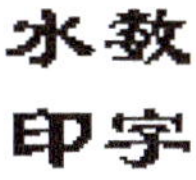 水数印字	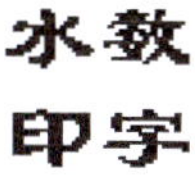 水数印字	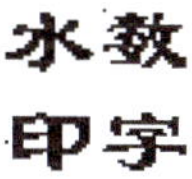 水数印字
	NC 值	1.000	1.000	0.999
(b)	简化的点云数据			
	提取效果	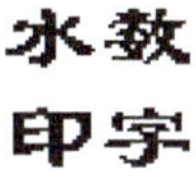 水数印字	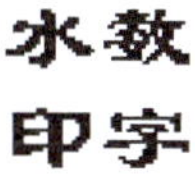 水数印字	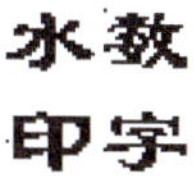 水数印字
	NC 值	1.000	1.000	0.999
(c)	简化的点云数据			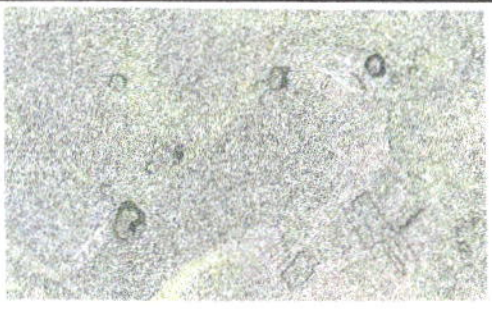
	提取效果	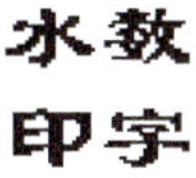 水数印字	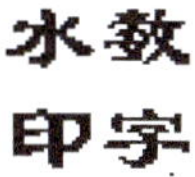 水数印字	 水数印字
	NC 值	1.000	0.999	0.910
(d)	简化的点云数据			
	提取效果	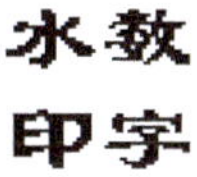 水数印字	 水数印字	 水数印字
	NC 值	1.000	0.980	0.971

3. 对比分析

为了进一步突出所提出算法的鲁棒性，以数据（b）为例，将本节算法与已有文献（王刚等，2018；Liu et al.，2019；商静静等，2016）进行鲁棒性比较，对比结果如

表 4.7 所示。

表 4.6 随机增点攻击实验结果

数据	攻击强度	随机增点攻击强度			
		20%	40%	60%	80%
(a)	提取效果	水数印字	水数印字	水数印字	水数印字
	NC 值	0.989	0.988	0.985	0.983
(b)	提取效果	水数印字	水数印字	水数印字	水数印字
	NC 值	1.000	1.000	1.000	1.000
(c)	提取效果	水数印字	水数印字	水数印字	水数印字
	NC 值	1.000	1.000	0.999	0.998
(d)	提取效果	水数印字	水数印字	水数印字	水数印字
	NC 值	1.000	1.000	1.000	1.000

表 4.7 对比实验分析结果

算法	平移	缩放	旋转	裁剪 30%	裁剪 60%	简化 80%	增点 80%
王刚等（2018）	√	×	√	√	×	×	×
Liu 等（2019）	√	√	√	√	×	×	×
商静静等（2016）	√	×	√	×	×	×	×
本节算法	√	√	×	√	√	√	√

本节算法是通过格网划分点云数据后分别对每个格网进行归一化，在 Z 坐标上嵌入水印。由于格网划分后，MBR 会发生较大变化，因此本节算法对旋转攻击不具有鲁棒性。但是，王刚等（2018）因为在 Z 坐标上嵌入水印，所以只对绕 Z 轴旋转具有鲁棒性，Liu 等（2019）和商静静等（2016）采用 PCA 变换，故对旋转攻击具有良好的鲁棒性。对于缩放攻击，本节算法和 Liu 等（2019）在水印信息嵌入前都进行归一化处理，所以鲁棒性较好。而王刚等（2018）是对 Z 坐标进行排序后，根据 Z 坐标相邻点间的差值嵌入水印信息，Liu 等（2019）对顶点到质心的距离进行排序后嵌入水印信息，因此对缩放攻击不具鲁棒性。

本节算法在抵抗大范围的随机增点、简化和裁剪攻击方面尤为突出。王刚等（2018）对于大规模的增删点和裁剪攻击不具有鲁棒性，而商静静等（2016）通过 SIFT 获取特征点，并进行 Contourlet 变换在低频子带嵌入水印信息，只可以抵抗小规模的简化和裁剪攻击。Liu 等（2019）对于几何攻击和噪声攻击等具有一定的鲁棒性，但无法抵抗大规模的增删点和裁剪攻击。

4.2 精度可控的倾斜摄影三维模型可逆水印算法

在当前研究中不可逆水印算法普遍强调算法的鲁棒性，无法解决水印嵌入对数据精度的影响。而可逆水印算法能够恢复原始数据，能够很好地解决这一缺点，但未考虑到对数据精度控制的问题（Peng et al.，2021）。基于此，本节提出一种恢复数据精度可控的倾斜摄影三维模型可逆水印算法，该算法可恢复不同精度的原始数据以满足相应需求，同时算法整体鲁棒性较强（王鹏斌等，2024）。

本节提出了一种恢复数据精度可控的倾斜摄影三维模型可逆水印算法。首先，利用顶点法向量夹角均值具有全局稳定性的特点，提取倾斜摄影三维模型特征点；其次，以特征点与非特征点之间距离的比值建立映射关系，对顶点进行分组，每个分组由一个特征点对应若干个非特征点构成；最后，在分组中以特征点为坐标原点，构建出球面坐标系，通过修改坐标系的半径嵌入水印。本节算法采用在半径中不同位置提取水印，获取不同半径来恢复数据，以此实现数据的精度可控。实验结果表明，本节提出的倾斜摄影三维模型可逆水印算法能够实现恢复数据精度可控，同时该算法对平移、旋转、裁剪及简化等攻击具有良好的鲁棒性。本节提出的倾斜摄影三维模型可逆水印算法可分为水印嵌入和水印提取与数据恢复两个部分，算法流程图如图 4.5 所示。

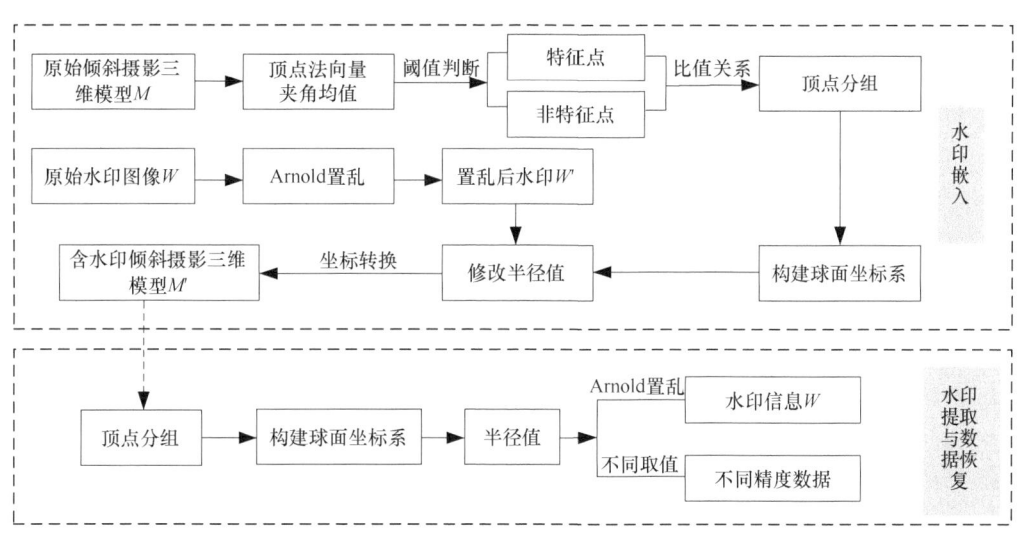

图 4.5 可逆水印算法流程图

在水印嵌入阶段，首先利用 Arnold 变换对水印图像进行预处理；其次根据顶点法向量夹角均值提取特征点；再利用特征点与非特征点之间距离比值划分为组，在分组中构建两类点的球面坐标系；最后通过修改球面坐标系的半径将置乱后的水印嵌入三维模型中。在水印提取与数据恢复阶段，数据处理过程与嵌入前期阶段一致，通过寻找特征点分组转换计算得到球面坐标。利用求得的半径值来提取水印，再通过不同位置取值求得的不同半径值恢复原始数据。

4.2.1 倾斜摄影三维模型可逆水印算法步骤

1. 水印预处理

为了提升原始水印图像的安全性，对水印图像进行 Arnold 置乱变换的预处理。Arnold 变换公式如式（4.11）所示。

$$\begin{bmatrix} x' \\ y' \end{bmatrix} = \begin{bmatrix} 1 & 1 \\ 1 & 2 \end{bmatrix} \begin{bmatrix} x \\ y \end{bmatrix} \mathrm{mod}(L), x, y \in \{0, 1, 2, \cdots, L-1\} \quad (4.11)$$

式中，(x, y) 为原始图像像素点的坐标；(x', y') 为应用 Arnold 变换后图像的像素点坐标；mod 为取模运算符；L 为水印长度。

原始版权信息是一张长度为 32×32 像素的二值图像，其中含有"数字水印"字样，如图 4.6（a）所示。由公式（4.11）可知，该实验中水印图像的置乱周期为 24 次，在第 24 次置乱时水印图像恢复成原始状态。图 4.6 分别是原始水印图像和置乱 10 次、第 15 次、第 20 次及第 24 次时的水印图像。

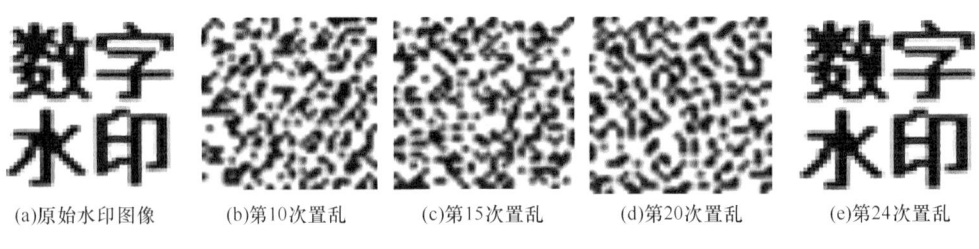

(a)原始水印图像　　(b)第10次置乱　　(c)第15次置乱　　(d)第20次置乱　　(e)第24次置乱

图 4.6　水印图像

2. 水印嵌入

1）特征点提取

以特征点构建水印信息的载体，可以有效地提高水印方案的鲁棒性。本节利用顶点法向量夹角均值较为稳定的特点（Sanchez et al., 2020），对三维模型进行特征点提取。三维模型顶点的法向量及特征与非特征区域表示如图 4.7 所示。通过提取倾斜摄影三维模型中所有的点，获得顶点集合，再根据点的法向量夹角均值计算提取其特征点。该算法步骤如下。

步骤 1：对倾斜摄影三维模型的顶点集合 P 内的点求法向量 $\overrightarrow{n_i}$。

步骤 2：计算点与其 k 邻域内点法向量的夹角 θ_{pq}，以点 p 为例，计算公式如式（4.12）所示。

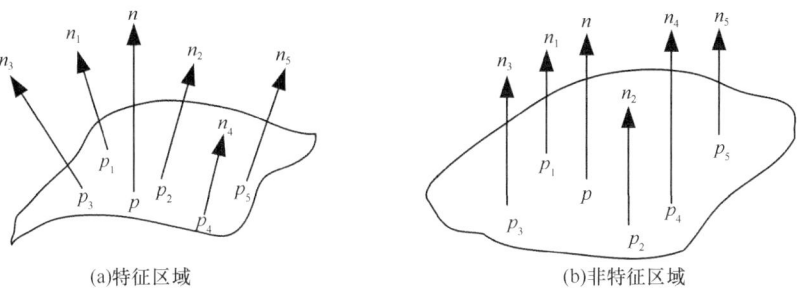

图 4.7 法向量示意图

$$\theta_{pq} = \cos^{-1}\left(\frac{x_p x_q + y_p y_q + z_p z_q}{\sqrt{x_p^2 + y_p^2 + z_p^2}\sqrt{x_q^2 + y_q^2 + z_q^2}}\right) \quad (4.12)$$

式中，(x_p, y_p, z_p) 表示点 p 法向量的坐标，k 邻域内其他点的法向量坐标表示为 (x_q, y_q, z_q)，$q \in \{1, 2, \cdots, k\}$。

步骤3：计算点 p 与其 k 邻域内的点法向量夹角的均值 $\bar{\theta}$，如式（4.13）所示。

$$\bar{\theta} = \frac{1}{k}\sum_{q=1}^{k}\theta_{pq} \quad (4.13)$$

步骤4：设定一个适当的阈值 ε，当 $\bar{\theta} \geqslant \varepsilon$ 时，该点为特征点；当 $\bar{\theta} < \varepsilon$ 时，该点为特征点。

2）顶点分组

由实验可得，在嵌入水印前后，倾斜摄影三维模型的特征点保持原样，而非特征点的改动程度极其微小，确保了点的分组在水印嵌入过程中具有稳定性。水印的多次嵌入有助于提高算法的鲁棒性。因此，为了进一步提高水印算法的鲁棒性，将倾斜摄影三维模型的顶点划分为多个分组，在分组中进行水印的嵌入和提取。提取的倾斜摄影三维模型特征点，根据点之间的空间距离比值将所有三维点划分为若干分组。设集合 $f_1 = \{p_i, 0 \leqslant i \leqslant m-1\}$ 和 $f_2 = \{p_j, 0 \leqslant j \leqslant n-1\}$ 分别是特征点和非特征点的集合。其中，m 和 n 分别表示特征点和非特征点的数量。根据距离比值建立 f_1 和 f_2 之间的映射关系，并进行分组。

步骤1：选择特征点 p_i 作为当前的对象。

步骤2：遍历非特征点集中的每个点 p_j，利用式（4.14）计算从 p_i 到 p_j 的空间距离比值 Ratio，公式如下：

$$\text{Ratio} = \frac{\sqrt{x_i^2 + y_i^2 + z_i^2}}{\sqrt{x_j^2 + y_j^2 + z_j^2}} \quad (4.14)$$

式中，(x_i,y_i,z_i) 和 (x_j,y_j,z_j) 分别表示 p_i 和 p_j 点的坐标值。

步骤 3：找到距离比值中最小的若干个非特征点，根据 Ratio 的大小进行排序。选择最小的几个非特征点作为对应点，确保每个非特征点都对应唯一的特征点。

步骤 4：将特征点 p_i 与找到的对应非特征点 p_j 建立对应关系，根据该映射关系，对特征点进行分组。每个分组由一个特征点及其对应的若干个非特征点组成。

步骤 5：重复步骤 1 到步骤 4，再选择下一个特征点作为当前对象，从剩余非特征点集中继续寻找对应关系，直到所有的特征点完成分组。

3）嵌入水印

基于特征点分组的可逆水印算法嵌入具体步骤如下。

步骤 1：在分组中，以对应的特征点为坐标原点将所有非特征点的直角坐标转换为球面坐标。特征点与非特征点的直角坐标分别表示为 $p_i=(x_i,y_i,z_i)$ 和 $p_j=(x_j,y_j,z_j)$，$j\in\{0\leqslant l\leqslant n-1\}$，$n$ 为分组中非特征点的个数，则两者间的转换公式如式（4.15）所示。

步骤 2：将水印嵌入分组后非特征点的球面坐标。以非特征点 p_j 求得的半径 r_1 确定水印位，方法为 $w_i=w\left[r_1\%w_{\text{length}}\right]$，"[ ]"表示取整，$w_{\text{length}}$ 表示水印长度。然后将 w_i 嵌入到对应非特征点的半径 r_1 中，根据式（4.16）求得嵌入水印后的新半径 r'_1。

步骤 3：将二次运算得到的 r'_1 通过坐标转换求得直角坐标，如式（4.17），完成嵌入过程。

$$\begin{cases} r_1=\sqrt{(x_j-x_i)^2+(y_j-y_i)^2+(z_j-z_i)^2}\\ \theta_1=\tan^{-1}\left(\dfrac{y_j-y_i}{x_j-x_i}\right)\\ \varphi_1=\cos^{-1}\left(\dfrac{z_j-z_i}{r_1}\right)\end{cases} \quad (4.15)$$

$$r'_1=\frac{\text{Int}(r_1\times 10^t)+\left[w_i+\text{Modf}(r_1\times 10^t)\right]/10}{10^t} \quad (4.16)$$

式中，t 决定水印嵌入的位置，可以实现多次嵌入；Int 和 Modf 分别代表取整数部分和小数部分的函数。假设 r_1=42.36568914，w_i=1，t 分别取 2、7，则 r'_1 的计算过程如下：

当 $t=2$，$w_1=1$ 时，$r'_1=\dfrac{\text{Int}(42.36568914\times 10^2)+\left[1+\text{Modf}(42.36568914\times 10^2)\right]/10}{10^2}$，计算得 r'_1=42.361568914，同理，继续代入，当 $t=7$，$w_i=1$ 时，继续计算得新的 r'_1=42.3615689114。

$$\begin{cases} x' = x_i + r_1' \times \sin\theta_1 \times \cos\theta_1 \\ y' = y_i + r_1' \times \sin\theta_1 \times \cos\varphi_1 \\ z' = z_i + r_1' \times \cos\varphi_1 \end{cases} \quad (4.17)$$

式中，(x', y', z') 表示含水印的非特征点 p_j 直角坐标。

3. 水印提取

水印提取是水印嵌入的逆过程。含水印的倾斜摄影三维模型提取过程步骤如下。

步骤 1：利用水印嵌入过程中所述的方法，根据顶点的局部法向量夹角均值提取特征点，并将提取到的特征点与非特征点进行分组，得到点的分组信息。

步骤 2：在点的分组中，根据步骤中方法，将非特征点的直角坐标转换为球面坐标，计算相应的 $(r'_1, \theta'_1, \varphi'_1)$。

步骤 3：从每个分组中提取水印，计算公式如式（4.18），r'_1 对应的水印位索引跟嵌入过程中计算方法一致，t 表示水印嵌入的位置。

$$w_i' = \left[\text{Modf}\left(r_1' \times 10^t\right) \times 10\right] \quad (4.18)$$

4. 数据恢复

由水印提取阶段计算得到两类点之间的 $(r'_1, \theta'_1, \varphi'_1)$，再利用式（4.19）计算得到 r_1。由不同的 t 值得到不同的 r_1 值，计算得到对应不同的直角坐标 (x, y, z)，则可实现恢复不同精度的原始数据，求解公式如式（4.20）。

$$r_1 = \frac{\text{Int}\left(r_1' \times 10^t\right) + \left[\text{Modf}\left(r_1' \times 10^{t+1}\right)\right]}{10^t} \quad (4.19)$$

$$\begin{cases} x = x_i + r_1 \times \sin\theta'_1 \times \cos\theta'_1 \\ y = y_i + r_1 \times \sin\theta'_1 \times \cos\varphi'_1 \\ z = z_i + r_1 \times \cos\varphi'_1 \end{cases} \quad (4.20)$$

4.2.2 实验与分析

为验证与评价本节水印算法，实验采用 6 个倾斜摄影三维模型数据（图 4.8），包含山体、林地、道路、建筑物等多种地理实体，数据格式为 .obj。

各实验模型的基本属性信息见表 4.8，包括点数量、三角面片数量、坐标值范围。实验中参数的取值分别为：$k=35$，$\varepsilon=60°$。

1. 不可见性分析

倾斜摄影三维模型嵌入水印后，分别从主观视觉评价和客观指标评价两个方面判断数据前后的变化程度。

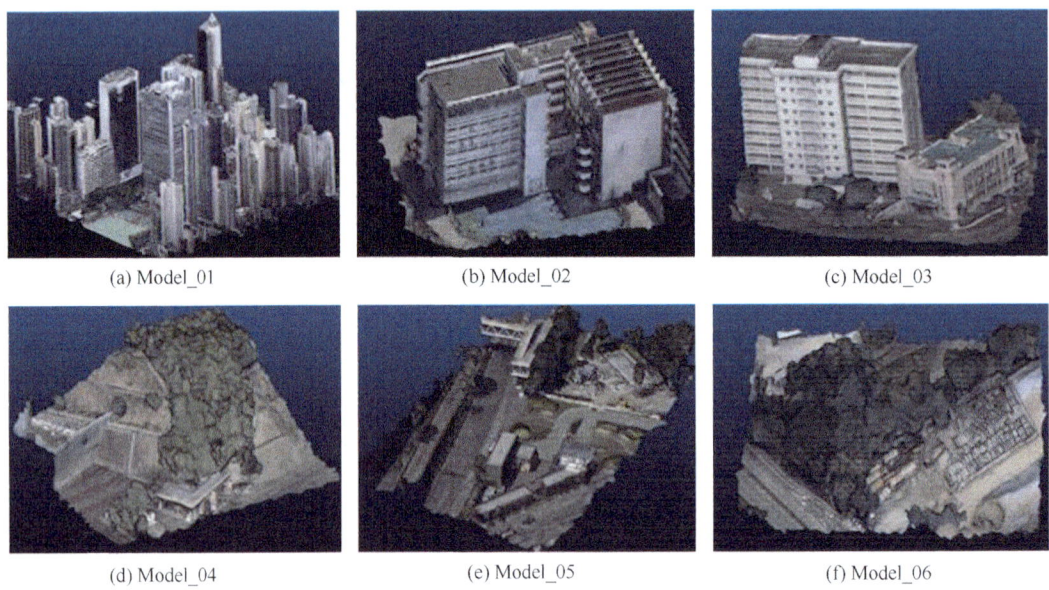

(a) Model_01　　　　　　(b) Model_02　　　　　　(c) Model_03

(d) Model_04　　　　　　(e) Model_05　　　　　　(f) Model_06

图 4.8　本实验中使用的 6 个倾斜摄影三维模型数据

表 4.8　倾斜摄影三维模型的属性信息

模型	点数量	三角网数量	X 坐标范围/m	Y 坐标范围/m	Z 坐标范围/m
Model_01	36706	50750	−974.63537597 −1224.63537597	43.42778396 −206.57221984	145.91516113 −41.22695159
Model_02	71897	106922	5699.61767578 5591.49707031	773.74389648 674.69116210	157.48396301 122.62929534
Model_03	26643	40964	1103.27954101 1046.99121093	1553.33984375 1487.87219238	91.65460205 53.05340957
Model_04	39875	60556	−1794.58300781 −1894.15905761	2008.90576171 1906.76623535	147.58625793 103.76663970
Model_05	41333	61254	3680.58105468 3553.04077148	−673.67694091 −814.30358886	18.78142547 4.22324180
Model_06	43732	65950	−1346.69787597 −1449.93408203	−331.07110595 −464.21066284	25.89719772 4.99478912

（1）主观视觉评价：由对比图 4.9 可知，在放大的情况下，几乎难以观察到三角面片的变化，数据变动在人眼视觉范围内难以察觉，说明该算法具有较好的不可见性。

(a)原始模型及其部分细节效果　　　　　　(b)含水印模型及其部分细节效果

图 4.9　倾斜摄影三维模型数据水印嵌入前后细节对比

（2）客观指标评价：提出的算法采用 HD、PSNR 和 RMSE 共 3 个评估指标，在客观指标评价方面评估不可见性。

由表 4.9 可知，在水印嵌入前后对比得到 HD 均大于 0.00899，而 RMSE 和 PSNR 的均值分别为 0.003113 和 94.10342，说明该算法从客观指标评价不可见性良好。

表 4.9　不可见性评价指标

模型数据	HD	RMSE	PSNR/dB
Model_01	8.99423×10^{-3}	0.003446	109.02778
Model_02	8.99958×10^{-3}	0.002434	97.57949
Model_03	8.99835×10^{-3}	0.002837	90.85347
Model_04	8.99777×10^{-3}	0.003218	95.85264
Model_05	9.00007×10^{-3}	0.003368	85.73576
Model_06	8.99944×10^{-3}	0.003376	85.57139
数值均值	8.99824×10^{-3}	0.003113	94.10342

2. 鲁棒性分析

为验证算法的鲁棒性，分别对嵌入水印后的模型进行攻击实验，并与相关的水印算法对比分析，限于篇幅原因，对提出的算法仅展示 Model_01 模型实验结果，再对提取到的水印图像和原始水印图像利用归一化相关系数（NC）和误码率（BER）验证相关性程度。

1) 几何攻击

对含水印数据分别进行平移和旋转攻击，以验证算法对几何攻击的鲁棒性。

对含水印的倾斜摄影三维模型进行平移和旋转后，实验结果如表 4.10 所示。由表 4.10 可知，算法仍能提取到有效水印，且提取到的 NC 值全为 1，BER 值全为 0。由此可以得出，算法对平移和旋转攻击具有良好的鲁棒性。但由于算法将水印嵌入在顶点之间的半径距离中，在缩放后其点之间的半径发生变化，无法提取到水印，因此算法无法抵抗缩放攻击。

2) 裁剪攻击

对含水印的数据进行 15%～40%不同程度的裁剪，并对其提取水印，实验结果如表 4.11 所示。算法对裁剪 40%的数据仍能提取到有效水印，NC 值达到 0.9 以上，BER 值为 12.6953%，因此算法对裁剪攻击有较强的鲁棒性。

3) 简化攻击

三维模型的简化是一种常见的攻击方式，简化可能会导致含水印顶点的丢失，从而影响水印提取的效果。从表 4.12 的简化攻击实验结果可得，算法在简化攻击方面具有较强的鲁棒性。

表 4.10　几何攻击实验结果

攻击方式	攻击强度	水印图像	NC 值	BER 值/%
平移	X 轴平移 60m	数字水印	1.00	0.00
	Y 轴平移 60m	数字水印	1.00	0.00
	Z 轴平移 60m	数字水印	1.00	0.00
旋转	沿 X 轴旋转 45°	数字水印	1.00	0.00
	沿 Y 轴旋转 45°	数字水印	1.00	0.00
	沿 Z 轴旋转 45°	数字水印	1.00	0.00

表 4.11　裁剪攻击实验结果

裁剪比例	裁剪位置	水印图像	NC 值	BER 值/%
15%		数字水印	0.9941	0.7812
25%		数字水印	0.9680	4.3945
40%		数字水印	0.9124	12.6953

4）算法对比实验

为了验证算法的实用性和鲁棒性，将本节提出的算法与相关文献（Ohbuchi et al., 1998；Cho et al., 2007；王刚等，2018）的水印算法进行对比，结果如表 4.13。

表 4.12 简化攻击实验结果

攻击方式	简化比例/%	水印图像	NC 值	BER 值/%
简化攻击	10	数字水印	0.9955	0.1953
	20	数字水印	0.9140	12.1093
	30	数字水印	0.8903	15.9179

表 4.13 对比分析实验结果

攻击类型及强度	Ohbuchi 等（1998）NC 值	Cho 等（2007）NC 值	王刚等（2018）NC 值	本节算法 NC 值
平移 60m	1.0000	1.0000	1.0000	1.0000
旋转 45°	1.0000	1.0000	1.0000	1.0000
缩放 10%	1.0000	1.0000	1.0000	无法提取
裁剪 15%	0.9703	无法提取	0.9874	0.9941
简化 10%	无法提取	0.9609	无法提取	0.9955

由表 4.13 可得，本节提出的算法与其他三个算法相比，在几何攻击方面，都表现出对平移和旋转具备良好的鲁棒性。然而，在缩放攻击方面，Ohbuchi 等（1998）、Cho 等（2007）与王刚等（2018）的算法表现更好。Ohbuchi 等（1998）中的算法通过 Z 坐标排序计算差值后嵌入水印，王刚等（2018）的算法选择垂直向上的特征线，并将水印嵌入每组线长度的比例关系中，因此对简化攻击无法提取有效的水印。Cho 等（2007）的算法通过将三维网格模型的平滑区域投影到二维平面上进行裁剪和细分来实现可见水印的嵌入，因此无法抵抗裁剪攻击。总体而言，相比较于这三篇对比文献的水印嵌入算法，本节提出的算法在除了缩放攻击以外的其他常见攻击方面都具有较好的鲁棒性。

3. 可逆性分析

从水印提取阶段可得，嵌入的水印可以从点的半径中去除，因此所提出的水印算法在理论上是可逆的。数据恢复后与原始数据的误差统计如表 4.14 所示，但对比误差数值

表 4.14 恢复后数据与原始数据的误差统计（t 值依次取 2, 6）

恢复模型数据	最大改变量/m	最小改变量/m	平均改变量/m
Model_01	1.81659×10^{-11}	3.55271×10^{-15}	3.69755×10^{-12}
Model_02	4.79689×10^{-11}	1.42108×10^{-14}	1.44995×10^{-11}
Model_03	1.67708×10^{-11}	7.10542×10^{-15}	5.05048×10^{-12}
Model_04	1.68946×10^{-11}	1.42108×10^{-14}	1.42108×10^{-11}
Model_05	2.51867×10^{-11}	8.88178×10^{-16}	6.84313×10^{-12}
Model_06	1.32921×10^{-11}	7.10542×10^{-15}	3.42056×10^{-12}
数值均值	2.30465×10^{-11}	5.04779×10^{-15}	5.82205×10^{-12}

发现，两者间存在极小的误差，其主要原因在于计算机存储运算结果时在精度上存在四舍五入的约简。

由于在实验中数据采取的精度是小数点后八位，考虑到现实应用中该精度完全可以达到应用级别，且恢复数据平均改变量数量级为 10^{-12} m，从实验角度证明该算法具有良好的可逆性。

4. 精度可控分析

本节提出算法的关键之处在于能提取水印的同时，可根据不同 t 值恢复得到不同精度的数据，不同 t 值数据恢复后与原始数据的误差统计如表 4.15 所示。

表 4.15 不同 t 值数据恢复后与原始数据的误差统计

模型数据	t 取值	最大改变量/m	最小改变量/m	平均改变量/m
Model_01	2	8.99975×10^{-7}	2.21011×10^{-11}	3.88603×10^{-7}
	7	8.99418×10^{-3}	1.54276×10^{-7}	3.88174×10^{-3}
Model_02	2	8.99973×10^{-7}	2.43159×10^{-11}	3.85782×10^{-7}
	7	8.99940×10^{-3}	2.69523×10^{-8}	3.86710×10^{-3}
Model_03	2	8.99966×10^{-7}	2.22341×10^{-11}	3.85321×10^{-7}
	7	8.99833×10^{-3}	1.02956×10^{-6}	3.86065×10^{-3}
Model_04	2	8.99739×10^{-7}	3.79203×10^{-12}	3.87015×10^{-7}
	7	8.99773×10^{-3}	2.04559×10^{-7}	3.88255×10^{-3}
Model_05	2	8.99671×10^{-7}	6.46154×10^{-12}	3.90780×10^{-7}
	7	8.99998×10^{-3}	8.62768×10^{-7}	3.89817×10^{-3}
Model_06	2	8.99590×10^{-7}	1.91879×10^{-11}	3.92975×10^{-7}
	7	8.99941×10^{-3}	2.53038×10^{-7}	3.84723×10^{-3}

由此可知，当 t 取 2 时，数据恢复的平均改变量保持在 10^{-7} m 上，而 t 取 7 时则平均改变量在 0.001 m，说明该算法对数据的平均误差改变量全部保持在相同数量级，达到了对恢复数据精度的有效控制。因此，本节提出的算法可以实现对数据恢复精度的控制，该算法在具有较好的可逆性的同时兼顾了数据恢复的精度，且数据精度误差在合理范围之内。

4.3 运用 DFT 的 BIM 模型数据鲁棒水印算法

BIM 模型数据是对工程项目中设施物理和功能特征的数字化表达，基于三维数字化技术构建，集成了建设工程项目中各类相关信息，形成统一的工程数据模型（Wang et al., 2022）。BIM 专业软件的多样性导致了数据格式的多样化，BIM 模型数据的格式对隐藏域的选择十分重要。现有应用系统的研究和开发都是基于几何数据模型，主要通过 IGES、DXF、DWG 等图形信息交换标准进行数据交流（Schiavi et al., 2022）。

DXF 数据模型常用于 AutoCAD 和其他软件之间进行信息交换，主要由图形对象和非图形对象组成，也包含有限的属性信息，操作方便。对于 DXF 格式的 BIM 模型数据而言，多面网格顶点是模型数据的重要特征位置（Atia, 2014）。然而，BIM 模型数据中多面网格顶点的坐标的重复值多，用来嵌入水印的有效载体较少，为解决这一问题，在误差容许范围内对原始坐标数据变换后的频域幅度系数加入随机噪声,增加水印嵌入容量。如图 4.10 所示,W1 为对原数据未做任何处理提取得到的水印图像,图像噪声严重;W2 为经过加噪预处理之后提取到的水印,水印图像清晰可见。

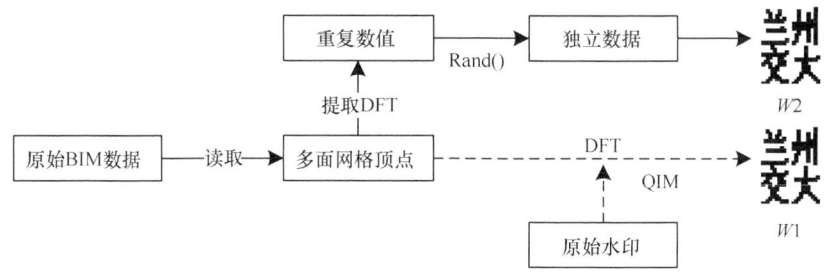

图 4.10 原始数据预处理

本节提出的算法包括:水印嵌入部分和水印提取部分。首先,选取 BIM 模型数据中的多面网格要素作为单位,以所有多面网格顶点为特征点构造复数序列,通过 DFT 变换得到幅度系数作为水印的嵌入载体,运用 QIM 方法(张黎明等,2015b)将水印嵌入 DFT 频域的幅度系数上,随后进行 IDFT 变换,得到含水印的 BIM 模型数据。当其受到攻击后提取水印,通过投票原则提取水印,利用相关性方法检测,无须用到原始数据,实现了盲检测。为了提高算法的运行效率,需在运行中提前为数据分配一个足够大的储存空间,并跨行读取信息。为了解决在实际应用中,BIM 模型数据中顶点坐标的相同值较多、被用来嵌入水印的有效载体较少这个问题,对原始坐标数据在误差容许范围内加入随机噪声以增加水印的嵌入容量。为增强抵抗删除实体攻击的能力,水印信息尽可能多地均匀嵌入在 BIM 模型数据中所有多面网格顶点的 X、Y 坐标变换系数中。为了减少对原始数据造成过大的影响,将幅度值进行放大处理。然后采用坐标映射的思想保持数据与水印的同步关系,实现盲水印检测。根据 DFT 变换性质,为了避免平移攻击对数据造成的大误差,对多面网格顶点集合的第一个变换系数的幅度值上不做水印嵌入(许德合等,2011)。为确保水印的安全性,采用 Logistic 混沌映射(Wang et al., 2021)对原始水印图像置乱。该算法的流程图如图 4.11 所示。

4.3.1 基于 DFT 的 BIM 模型数据鲁棒水印算法

1. BIM 模型数据预处理

首先需要将空域中的 BIM 模型数据 DFT 变换到频域,变换的具体流程如下。

步骤 1:令 $V_d = \{v_j\}$,$v_j = (x_j, y_j)$ 表示原始 BIM 模型数据中所有多面网格顶点的集合,其中 $j = 1, 2, \cdots N$,v_j 为多面网格顶点坐标,(x_j, y_j) 为顶点的 X、Y 坐标值,N 为多面网格顶点数。以多面网格要素为单位,通过式(4.21)生成复数序列 $\{a_j\}$。

$$a_j = x_j + iy_j, \quad j \in \{1, 2, 3, \cdots, N\} \tag{4.21}$$

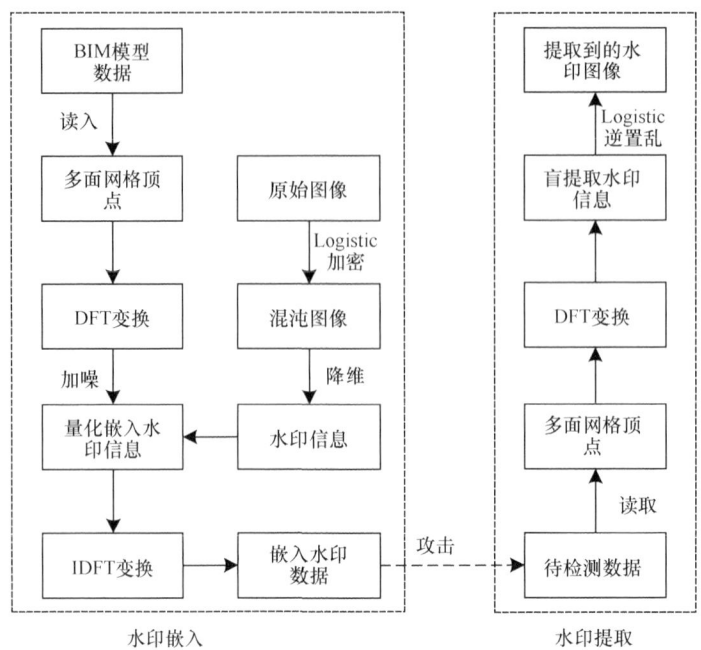

图 4.11 水印嵌入与提取流程图

步骤 2：对 N 点序列 $\{a_j\}$，它的 DFT 变换如式（4.22）所示：

$$A_l = \sum_{j=1}^{N} a_j \left(e^{-2\pi i/N}\right)^{jl} \quad j,l \in \{1,2,\cdots,N\} \tag{4.22}$$

其中，A_l 表示 DFT 变换后的数据，公式中的 a_j 可为复值，实际当中 a_j 都是实值，即虚部为 0，此时公式可以展开为

$$A_l = \sum_{j=1}^{N} a_j \left(\cos\left(2\pi l \frac{j}{N}\right) - i \times \sin\left(\pi l \frac{j}{N}\right)\right), l \in \{1,2,\cdots,N\} \tag{4.23}$$

该序列系数有幅度系数 $|A_l|$ 和相位系数 $\angle A_l$ 两个数值，如式（4.24）所示。将幅度系数集合表示为 $\{|A_l|\}$，相位系数集合表示为 $\{\angle A_l\}$。

$$\begin{cases} |A_l| = \sum_{j=1}^{N} a_j \cos 2\pi l \frac{j}{N}, l \in \{1,2,\cdots,N\} \\ \angle A_l = \sum_{j=1}^{N} -a_j \sin \pi l \frac{j}{N}, l \in \{1,2,\cdots,N\} \end{cases} \tag{4.24}$$

2. 水印信息嵌入

水印生成与嵌入算法的具体步骤如下。

步骤 1：水印信息的生成，读取一幅大小为 $M \times M (M \geq 2)$ 像素的图像作为原始水印图像，为提高水印的安全性，对原始水印进行 Logistic 映射置乱，并将置乱后的二值

矩阵降维处理得到一维二值序列 W，其中序列表达公式为 $W=\{w_m=0,1|m=0,1,\cdots,P-1\}$，$P$ 表示水印长度。

步骤 2：读取 BIM 数据，对 $\{a_j\}$ 进行 DFT 变换得到的幅度系数 $\{|A_l|\}$ 扩大 10^7 倍，并进行加噪运算。

步骤 3：应用 QIM 方法，将水印嵌入放大之后的幅度系数中，通过式（4.25）得到嵌入水印后的幅度系数 $|A_l'|$。

$$\begin{cases} |A_l'|=|A_l|-\dfrac{R}{2}, w_m=0 \text{且} \operatorname{mod}(A_l,R)\geqslant \dfrac{R}{2} \\ |A_l'|=|A_l|, w_m=0 \text{且} \operatorname{mod}(A_l,R)<\dfrac{R}{2} \\ |A_l'|=|A_l|+\dfrac{R}{2}, w_m=1 \text{且} \operatorname{mod}(A_l,R)<\dfrac{R}{2} \\ |A_l'|=|A_l|, w_m=1 \text{且} \operatorname{mod}(A_l,R)\geqslant \dfrac{R}{2} \end{cases} \quad (4.25)$$

步骤 4：将得到的 $|A_l'|$ 进行缩放处理，使其还原到原始数据大小，缩小的比例与放大的比例相等。

步骤 5：将得到的嵌入水印幅度值与未做修改的相位系数结合生成新的系数 $\{A_l'\}$，对其进行 IDFT 变换，得到嵌入水印后的复数序列 $\{a_j'\}$。

步骤 6：根据 $\{a_j'\}$ 修改多面网格顶点，得到嵌入水印后的多面顶点集合 V_d'，$V_d'=\{v_j'=(x_j',y_j')\}, j\in\{1,2,\cdots,N\}$，从而得到嵌入水印后的 BIM 数据。

3. 水印信息提取

水印提取实质就是水印嵌入的逆过程，当数据拥有者发现可疑 BIM 模型数据后，按照如下步骤来提取水印：

步骤 1：读取待测 BIM 数据的多面网格顶点，构成集合 V_d'，得到复数序列 $\{a_j'\}$。

步骤 2：对 $\{a_j'\}$ 进行 DFT 变换，得到系数的幅度系数 $\{|A_l'|\}$。

步骤 3：使用与嵌入过程一致的参数，利用 QIM 方法提取可疑 $\{w_m'\}$ 的值，提取过程如下：

$$\begin{cases} w_m'=w_m-1, \operatorname{mod}(|A_l'|,R)<\dfrac{R}{2} \\ w_m'=w_m+1, \operatorname{mod}(|A_l'|,R)\geqslant \dfrac{R}{2} \end{cases} \quad (4.26)$$

步骤 4：对提取到的一维水印 $W'=\{w_m'=0,1|m=0,1,\cdots,P-1\}$ 进行维度升高处理并做 Logistic 逆置乱，提取到水印图像。

步骤 5：利用式（4.27）计算提取到的水印图像与原始水印图像之间的归一化相关

系数（NC）来度量稳健性，NC 值越大，表示两者越相似，稳健性越好。

$$\mathrm{NC} = \frac{\sum_{m=1}^{M}\sum_{m=1}^{M}\mathrm{XNOR}(W(m1,m2),W'(m1,m2))}{M \times M} \quad (4.27)$$

式中，$M \times M$ 为水印图像大小；XNOR 为异或运算；$W(m1,m2)$ 表示原始水印信息，$W'(m1,m2)$ 为提取的水印信息。其中，NC 越接近 1，算法越稳健。

4.3.2 算法有效性分析

不可感知性和稳健性是衡量数字水印算法的基本特征，为了验证本节算法的有效性，以 MATLAB 2016 A 为实验平台，实验选用 Autodesk Revit 2019 自带的建筑项目中 BIM 模型的三维视图 DXF 文件，其数据大小为 40.9MB。经过处理运算，以数据中的 6786 个多面网格为对象，并对其中的 113399 个多面网格顶点坐标做 DFT 变换，运用 QIM 方法嵌入水印，量化值 $R=40$，在幅度系数上嵌入大小为 32×32 像元的水印图像（图 4.12），选用混沌变换的初始值 $L=0.98$，生成的水印是 1024 位的伪随机序列。原始 BIM 模型如图 4.13（a）所示，嵌入水印后的 BIM 模型如图 4.13（b）所示；其中，图 4.13（c）是嵌入水印前模型数据局部细节图，图 4.13（d）为水印嵌入后局部细节放大图。

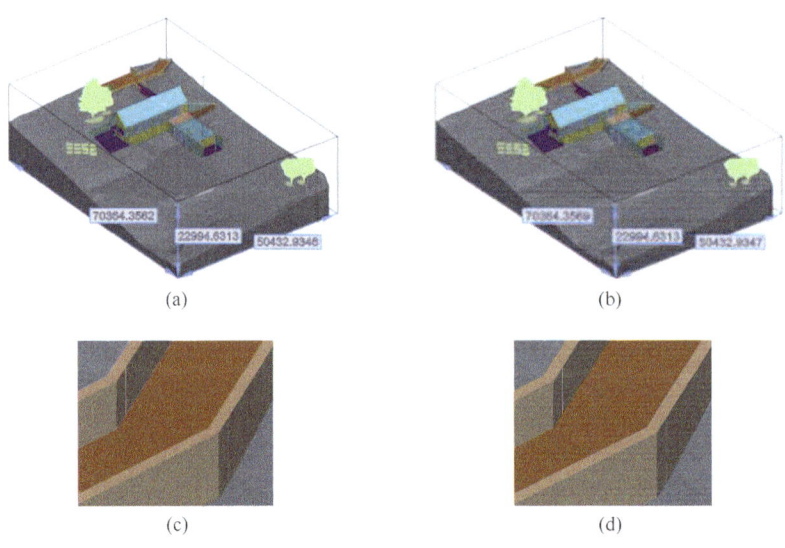

图 4.12 原始水印

图 4.13 可视化比较

1. 误差分析

对原始数据和嵌入水印信息后 BIM 模型数据的所有多面网格中的多面网格顶点进行比较,通过计算相应坐标间的均方根误差(RMSE)和最大误差来评价数据误差,统计结果如表 4.16 所示。

表 4.16 均方根误差和最大误差统计表

多面网格数目	多面网格顶点个数	均方根误差	最大误差
6786	113399	2.266×10^{-3}	9.268×10^{-4}

$$\mathrm{RMSE} = \sqrt{\frac{1}{N}\sum_{j=1}^{N} D} \quad (4.28)$$

式(4.28)可用来衡量含水印数据值同原始数据值之间的偏差。其中,N 为数据中多面网格顶点的个数,原始数据坐标点与含水印数据坐标点之间的绝对误差为 D,$D = \Delta x_j^2 + \Delta y_j^2$,$\Delta x_j$ 为 X 轴的误差,Δy_j 为 Y 轴的误差。

从表 4.16 中可见,将 113399 个顶点进行对比,均方根误差为 2.266×10^{-3},最大误差为 9.268×10^{-4},说明该算法导致的数据误差很小,可满足数据精度要求,不会影响数据使用。

2. 不可感知性

主观上分别从水印嵌入前后的原始数据图 4.13(a)与嵌入水印后的数据图 4.13(b)及模型数据细节图 4.13(c)与图 4.13(d)对比分析,显示模型没有肉眼可见的差别,并通过三维视图添加边界框对 BIM 模型体积进行对比后发现,水印嵌入并未引入显著误差;客观上通过表 4.16 中的数据误差统计可得,无论是均方根误差还是最大误差,水印嵌入引起的误差很小,满足 BIM 模型数据精度要求。因此,本节提出的水印算法具有好的不可感知性。

3. 鲁棒性

1)原始提取结果

在对数据没有做任何攻击的情况下进行水印提取,提取出来的水印如图 4.14 所示。因为嵌入水印的幅度系数没有发生任何变化,水印信息可以完整地提取出来的。

图 4.14 未受攻击情况下提取的水印信息

2）删除实体

为分析本节算法的抗实体删除攻击能力，不同程度的随机删除实体实验结果如表 4.17 所示，在删除了 65%的数据时，提取到的水印图像仍可清晰判别，这是因为将同一水印进行了多次嵌入，且将水印信息尽可能地均匀嵌入 BIM 模型数据所有多面网格顶点中，结果表明，该算法对此类攻击是十分稳健的。

表 4.17 删除实体实验

实验类型	删除实体			
	11%	32%	48%	65%
提取结果	兰州交大	兰州交大	兰州交大	兰州交大
NC	1	1	1	1

3）数据平移

当对整个数据做平移攻击时，根据 DFT 变换的性质，对多面网格顶点集合中的第一个变换系数幅度值不做水印嵌入，则平移变化对数据没有影响，实验结果如表 4.18 所示，在经过平移 10、50、100、200 之后水印信息可以完全提取得到。

表 4.18 平移攻击实验

实验类型	X、Y 平移			
	10	50	100	200
提取结果	兰州交大	兰州交大	兰州交大	兰州交大
NC	1	1	1	1

4）数据旋转

从表 4.19 可得，水印信息能够完整地提取出来，是因为旋转攻击只会影响 DFT 变换后的相位系数，对幅度系数是完全没有任何作用的，因此数据旋转攻击对水印信息提取没有影响。

表 4.19 旋转攻击实验

实验类型	旋转角度			
	5°	10°	15°	30°
提取结果	兰州交大	兰州交大	兰州交大	兰州交大
NC	1	1	1	1

5）特殊攻击

BIM 模型与一般的图像、音频不同的是在传输过程中，存在镜像拷贝、实体拷贝、将选择的物体置于所有物体前面、将选择的物体置于所有物体后面这些特殊攻击，通过表 4.20 的实验表明，该算法对这些攻击是完全稳健的。

表 4.20　特殊攻击实验

实验类型	镜像拷贝	实体拷贝	前置	后置
提取结果	兰州交大	兰州交大	兰州交大	兰州交大
NC	1	1	1	1

4.4　基于马氏距离和 ISS 特征的三维点云数据鲁棒水印算法

随着三维建模和多媒体技术的快速发展，未经授权的 3D 点云数据复制和操纵变得更加普遍（Yin and Antonio，2020）。现有的针对三维点云数据设计的水印算法缺乏针对旋转、裁剪和随机增点攻击的鲁棒性。针对上述问题，本节提出了一种基于马氏距离（Mahalanobis distance，MD）和 ISS 特征点的鲁棒水印算法，包括基于马氏距离的零水印算法和基于 ISS 特征点的水印算法。首先，计算点云数据的 MD 并用其构造特征矩阵。通过特征矩阵与置乱后的水印信息进行异或运算构造零水印图像。其次，可以从点云数据中提取 ISS 特征点，以特征点的 X 和 Y 坐标为索引。将特征点的颜色信息作为宿主数据以嵌入水印。MD 的尺度不变性和 ISS 特征点的稳定性增强了算法的鲁棒性。实验结果表明，我们提出的方案对几何攻击、简化攻击、裁剪攻击、重排序和噪声攻击表现出很强的鲁棒性，同时保证点云数据坐标无损。

4.4.1　运用马氏距离和 ISS 特征的三维点云数据鲁棒水印算法

本节所提出的算法由三部分组成：①对原始水印图像进行加密；②从点云数据中提取 ISS 特征点进行水印嵌入；③计算点云数据的 MD，构造特征矩阵，然后与水印信息进行异或运算，生成零水印图像。该算法的详细流程图如图 4.15 所示。

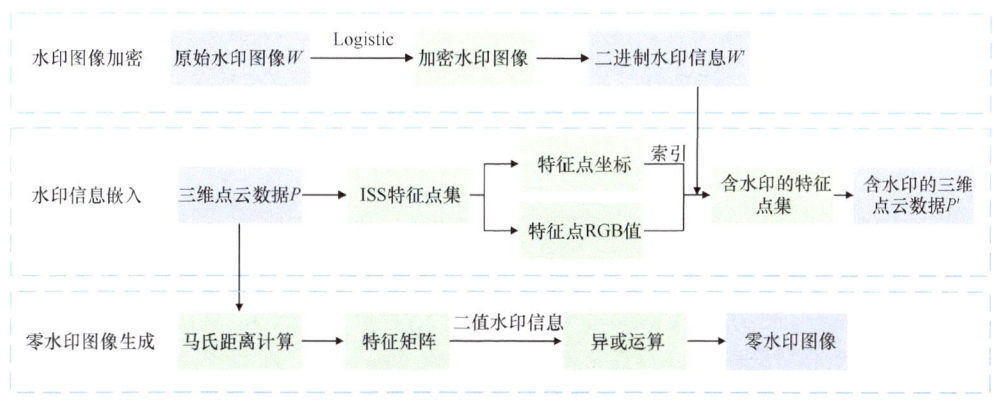

图 4.15　算法流程图

1. 水印图像置乱

在生成零水印之前可以对水印图像进行预处理从而提高安全性，由混沌系统生成随机且无序的序列可以用于水印图像的置乱。

Logistic 混沌映射系统是一种代表性的一维混沌系统，具有复杂的混沌动力学特性，是常用的图像加密算法（Liu et al.，2022）。其方程式如式（4.29）所示。

$$x_{(i+1)} = \mu x_i (1-x_i), i=1,2,\cdots,n \quad (4.29)$$

式中，$x_{(i+1)}$ 表示第 i+1 次的迭代结果；μ 为混沌系统中的偏离度参数，且 $\mu \in [3.57,4]$；x 为系统变量，且 $x \in [0,1]$；i 为迭代次数。

逻辑映射与参数 μ 表示具有复杂的关系。当控制参数 μ 表示取不同值时，系统会表现出不同的特性。研究表明，当 $0<\mu\leqslant 3.5699456$ 时，逻辑映射表现出周期性行为。然而，当参数满足 $0<x_0<1$ 和 $3.5699456<\mu\leqslant 4$ 两个条件时，系统进入混沌状态，其特点是无序、不可预测、混沌。因此，对于 x_0 的各种初始值，生成的序列是非周期性的、非收敛的并且对初始条件敏感。

本节使用大小为 64 像素的正方形二值图像作为水印信息，其经过置乱后的结果如图 4.16 所示。

图 4.16 水印图像置乱

2. 零水印图像生成

马哈拉诺比斯距离，由统计学家 Mahalanobis P.C.于 1936 年提出，是一种基于统计的距离测量模型。MD 的一个重要特征是它考虑了数据集的相关性。为了消除不同变量量纲的干扰以及变量之间的相关性对距离的影响，在测量距离时加入协方差矩阵（De et al.，2000）。

当样本 x 的行数表示样本维度、列数表示样本数时马氏距离的计算公式如式（4.30）所示：

$$D_m(x) = \sqrt{(x-\mu)^T \Sigma^{-1} (x-\mu)} \quad (4.30)$$

式中，μ 为样本均值；Σ 为协方差矩阵；D_m 为样本 x 的马氏距离。

MD 的主要功能是通过特定的数据变换减小原始数据的协方差。同时，它还能保持数据的整体样本分布，增强数据的鲁棒性（Javaheri et al.，2020）。然而，三维点云数据在应用过程中经常会受到平移、缩放和旋转等仿射变换攻击。本节利用 MD 的尺度不变性来计算点云的 MD。该算法用于构建点云数据的特征矩阵。然后，在二进制水印图像和特征矩阵之间执行异或运算,以生成零水印图像。

零水印图像的构建步骤如下。

步骤1:将原始水印图像记为W,混沌加密后的原始水印图像记为$W'=\{w[j]\}$,$j\in[0,N_w-1]$。

步骤2:读取三维点云数据P及获取其顶点坐标集合$V_i=(x_i,y_i,z_i)$,$i\in(1,2,\cdots,L)$。

步骤3:利用顶点坐标$V_i=(x_i,y_i,z_i)$和式(4.30)计算点云数据的MD,记为$D_m=\{d_i\},i\in(1,2,\cdots,L)$。

步骤4:将马氏距离D_m放大10^n倍,记为D_m',由式(4.31)计算索引值index;

$$\text{index}=\lfloor D_m'\rfloor \bmod l \tag{4.31}$$

式中,符号$\lfloor \cdot \rfloor$表示取整。

步骤5:计算$\lfloor D_m\times 10^n\rfloor \bmod 2$,并采用投票原则判断每个索引位是0或1以确定特征值,得到含有水印信息的二值矩阵,记为M。

步骤6:将二值矩阵M和W'通过式(4.32)进行运算,生成零水印图像W^*。其中$\oplus$代表异或运算符。

$$W^*=M\oplus W' \tag{4.32}$$

3. ISS 特征提取

特征点是从点云数据中提取的一组稳定且独特的点,通过应用预定义的检测标准来实现。与原始点云数据相比,特征点的数量通常较少。ISS 特征点是一种常用于表示实体几何形状的方法,它能够充分反映点云数据集的原始特征,因此在高质量点云配准被广泛采用(Xu et al., 2021)。ISS 具有强大的稳定性、辨识度高且信息量丰富。此外,ISS 提取的特征点数量相对于原始点云数据来说要少得多。因此,本节采用 ISS 算法来提取特征点。该算法基于点云数据中的邻域信息建立联系,并通过特征值之间的关系来判断一个点是否是特征点。算法的主要步骤如下。

步骤1:对点云P中每个点P_i建立局部坐标系,并对所有点设置搜索半径。

步骤2:搜索点云P中以P_i为中心、半径为r的区域内的所有点,然后计算这些点所对应的权重W_{ij},该权重的表达式如式(4.33)所示:

$$W_{ij}=\frac{1}{|P_i-P_j|},\ |P_i-P_j|<r \tag{4.33}$$

步骤3:通过式(4.34)计算每个点P_i的协方差矩阵。

$$c_{ov}(P_i)=\frac{\sum_{|P_i-P_j|<r}W_{ij}(P_i-P_j)(P_i-P_j)^{\mathrm{T}}}{\sum_{|P_i-P_j|<r}W_{ij}} \tag{4.34}$$

步骤4:计算协方差矩阵$c_{ov}(P_i)$的所有特征值$\{\lambda_i^1,\lambda_i^2,\lambda_i^3\}$,并将其按照从大到小

排序。

步骤 5：设定阈值 ε_1 和 ε_2，若其满足式（4.35）即 ISS 特征点。

$$\begin{cases} \dfrac{\lambda_i^2}{\lambda_i^1} \leqslant \varepsilon_1 \\ \dfrac{\lambda_i^3}{\lambda_i^2} \leqslant \varepsilon_2 \end{cases} \tag{4.35}$$

4. 水印嵌入

本节算法基于 ISS 特征点提取特征点作为水印载体，通过特征点的坐标值建立水印索引关系，再利用调制的方法在颜色信息中嵌入水印，嵌入过程如下。

步骤 1：读取原始三维点云数据 P，首先提取顶点，得到点云数据坐标集合 $V_i = (x_i, y_i, z_i)$，$i \in (1, 2, \cdots, L)$，其中 L 表示点的个数，获取对应的颜色信息集合 $\text{Color}_i = (R_i, G_i, B_i)$。

步骤 2：按照上述的水印置乱算法，将水印图像进行 Logistic 置乱，并将其转变为二值序列，记作 $W' = \{w[j]\}$，$j \in [0, l-1]$，其中 l 表示二值序列的长度，$w[j]$ 表示水印信息。

步骤 3：根据上述 ISS 特征点提取方式，提取点云数据特征点集合 $V_f = (x_f, y_f, z_f)$，$f \in (1, 2, \cdots, k)$，其中 k 表示特征点的个数。

步骤 4：将特征点的 RGB 颜色值按位运算，转变为一个 24 位的无符号整数 $C' = \{c[f]\}$，$f \in (1, 2, \ldots, k)$，计算公式如式（4.36）所示：

$$C' = (R \ll 16) | (G \ll 8) | B \tag{4.36}$$

步骤 5：以特征点的 X 和 Y 坐标计算索引值 $\text{Index} = (x_i + y_i) \times 10^n \bmod l$，建立坐标值与水印位 $w[j]$ 的映射关系。

步骤 6：根据步骤 5 中建立的索引关系，通过改变 $c[f]$ 的奇偶数完成水印信息的嵌入。其中，偶数代表嵌入的水印信息为"0"，奇数代表"1"。具体的计算公式如式（4.37）如下：

$$\begin{cases} c[f] = c[f], c[f] \bmod 2 = w[\text{Index}] \\ c[f] = c[f] + 1, c[f] \bmod 2 \neq w[\text{Index}] \text{ and } c[f] \bmod 10 < 5 \\ c[f] = c[f] - 1, c[f] \bmod 2 \neq w[\text{Index}] \text{ and } c[f] \bmod 10 > 5 \end{cases} \tag{4.37}$$

式中，$c[f]$ 表示某特征点颜色值；$w[\text{Index}]$ 表示水印的映射关系；mod 为求余函数。

步骤 7：保存数据，得到含水印信息的三维点云数据 P'。

5. 水印提取

水印嵌入是水印提取的逆过程，具体步骤如下。

步骤 1：读取含水印信息的点云数据 P'，提取顶点坐标集合，以及颜色信息 RGB 值。

步骤 2：与水印嵌入过程相同，提取 ISS 特征点集合 $V_f = (x_f, y_f, z_f)$，$f \in (1, 2, \cdots, k)$，其中 k 表示特征点的个数，并将特征点对应的 RGB 值按照式（4.36）转为整数。

步骤 3：按照水印嵌入时索引关系的建立方式，建立相同的索引关系，提取特征点的颜色值 $C' = \{c[f]\}$ 的最后一位，建立 $c[f]$ 与 $w[j]$ 的对应关系。水印信息的提取具体公式（4.38）所示。

$$w[\text{Index}] \begin{cases} 1, \left(\sum_{k=1}^{n} c[f] \bmod 2\right) > \dfrac{q}{2} \\ 0, \left(\sum_{k=1}^{n} c[f] \bmod 2\right) \leqslant \dfrac{q}{2} \end{cases} \quad (4.38)$$

式中，$w[\text{Index}]$ 表示通过映射与之对应的水印位信息；q 表示映射关系为 $w[\text{Index}]$ 的点的数量。

4.4.2 实验验证与结果分析

实验选用四幅不同地理场景的 *.pcd 格式三维点云数据进行验证，生成的四幅零水印图像如图 4.17 和图 4.18 所示。此外，模拟实验中主要参数设置如下：$\varepsilon_1 = 0.5, \varepsilon_2 = 0.8$，$n = 4, u = 3$。

数据(a)　　　　　　　　　　　　数据(b)

数据(c)　　　　　　　　　　　　数据(d)

图 4.17　实验数据图

图 4.18 零水印图像

1. 不可见性分析

由于本节算法将水印信息嵌入点云数据特征点的颜色信息上,如图 4.19 所示,以数据(a)为例,在主观视觉上无法察觉嵌入水印前后数据的差别。

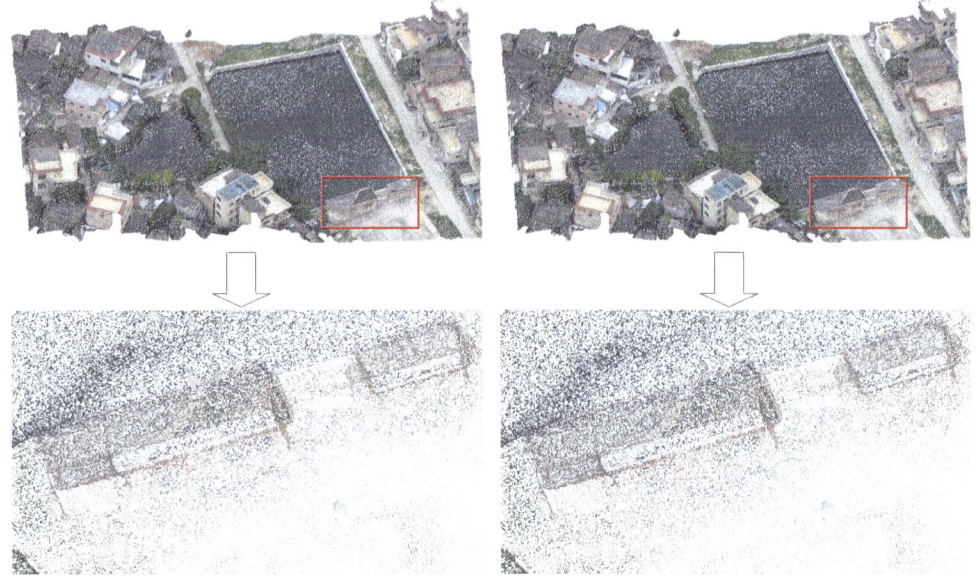

图 4.19 嵌入水印前后对比图

由于本节算法将水印信息嵌入 RGB 空间上,顶点坐标未发生变化,因此 PSNR 的计算公式如式(4.39)所示。

$$\mathrm{PSNR}(f, f_w) = 10 \times \lg \left(\frac{\mathrm{MAX}_I^2}{\frac{1}{3m} \sum_{R,G,B} \sum_{i=0}^{m-1} (f_w - f)^2} \right) \quad (4.39)$$

式中,f 为原始点云数据;f_w 为含水印的点云数据;w 为水印;(R,G,B) 表示点云数据的颜色值;m 为点云数据的离散点总个数,对于 8bit 的彩色点云数据,MAX_I 表示图像点颜色的最大数值,即式中的分子为 255×255。

模拟实验中 4 幅数据的基本参数以及嵌入水印前后数据的 HD、PSNR 和 RMSE 如

表 4.21 所示。由于本节算法未改变点云数据的顶点坐标值,因此 HD 和 RMSE 都为 0,参数 PSNR 的值在 30dB 以上,即说明该算法在嵌入水印前后数据失真较小,有较好的不可见性。

表 4.21 实验数据基础参数及不可见性分析结果

数据	顶点个数	HD	PSNR(dB)	RMSE
(a)	1255491	0	60.381	0
(b)	2084087	0	59.658	0
(c)	769619	0	58.474	0
(d)	1836385	0	52.404	0

2. 鲁棒性分析

以下是重排序攻击、几何攻击、高斯噪声攻击、简化攻击、裁剪攻击、随机增点攻击对所提出算法的实验结果。

1)重排序攻击

本节算法提取点云数据的特征点,将特征点的颜色属性作为水印信息的嵌入对象,未影响点云数据的数据结构,因此能够完全抵抗顶点重排序攻击。表 4.22 分别展示了 4 幅实验数据遭受重排序攻击后提取的水印图像,且 NC 值都为 1。

表 4.22 重排序攻击实验结果

数据	(a)	(b)	(c)	(d)
提取效果	GIS MAP	GIS MAP	GIS MAP	GIS MAP
NC 值	1.000	1.000	1.000	1.000

2)几何攻击

该实验的几何攻击包括平移、缩放和旋转攻击。实验结果如表 4.23 所示。以数据(a)为例,该算法在不同强度的平移和缩放攻击下都能提取出 NC 值为 1 的水印图像,且在旋转攻击绕 X、Y 或 Z 轴时都能够提取有效的水印图像,因此该算法对于几何攻击具有良好的鲁棒性。

3)高斯噪声攻击

验证该算法对噪声的敏感性,采用高斯噪声进行仿真实验。高斯分布,也称正态分布,记为 $N(\mu,\sigma^2)$,其中 μ,σ^2 为分布的参数,分别为高斯分布的期望和方差。本节给四幅点云数据添加均值为 0,标准差分别为 0.1%、0.3%、0.5%的高斯噪声。

从表 4.24 中可以发现,随着 σ 的增大,算法提取的水印图像在遭受高斯噪声攻击时

NC 值减小,并且当数据量较大时,NC 值变高。因此,当算法遭受高斯噪声攻击时,数据量越大,NC 值越大,算法的鲁棒性越高。针对数据量较小的点云数据在受到高斯噪声攻击时鲁棒性较差的问题,我们将在后续工作中进行改进。

表 4.23 几何攻击实验结果

攻击方式	攻击强度	提取效果	NC 值
平移	沿 X 平移 100m	GIS MAP	1.000
	沿 Y 平移 100m	GIS MAP	1.000
	沿 XYZ 平移 1000m	GIS MAP	1.000
缩放	20%	GIS MAP	1.000
	4 倍	GIS MAP	1.000
旋转	绕 X 轴旋转 245°	GIS MAP	0.995
	绕 Y 轴旋转 120°	GIS MAP	0.997
	绕 Z 轴旋转 45°	GIS MAP	0.996

4)简化攻击

简化点云数据是点云数据处理中非常常见的数据处理方法,以破坏数据的结构及准确性。该算法提取点云数据的 ISS 特征点,有效地减轻了简化攻击带来的误差。实验结果如表 4.25 所示。当简化强度为 30%时,NC 值超过 0.8 的水印信息仍然可以成功提取。因此,所提出的方案对简化攻击具有更好的鲁棒性。

表 4.24 高斯噪声攻击实验结果

数据	攻击方式	高斯噪声攻击程度		
	攻击程度	0.1%	0.3%	0.5%
(a)	提取效果	GIS MAP	GIS MAP	GIS MAP
	NC 值	0.995	0.946	0.867
(b)	提取效果	GIS MAP	GIS MAP	GIS MAP
	NC 值	0.999	0.976	0.911
(c)	提取效果	GIS MAP	GIS MAP	GIS MAP
	NC 值	0.972	0.866	0.761
(d)	提取效果	GIS MAP	GIS MAP	GIS MAP
	NC 值	0.999	0.973	0.921

表 4.25 简化攻击实验结果

数据	攻击方式	简化攻击攻击强度			
	攻击程度	10%	20%	30%	40%
(a)	提取效果	GIS MAP	GIS MAP	GIS MAP	GIS MAP
	NC 值	0.991	0.956	0.895	0.824
(b)	提取效果	GIS MAP	GIS MAP	GIS MAP	GIS MAP
	NC 值	0.999	0.988	0.959	0.902
(c)	提取效果	GIS MAP	GIS MAP	GIS MAP	GIS MAP
	NC 值	0.972	0.917	0.846	0.768
(d)	提取效果	GIS MAP	GIS MAP	GIS MAP	GIS MAP
	NC 值	0.999	0.987	0.952	0.896

5）裁剪攻击

该算法在遭受裁剪攻击时仍然可以提取到有效的特征点。表 4.26 分别展示了对点云数据在不同裁剪比例和位置下使用该算法可以提取的最佳水印图像，其中以数据（a）为例。当裁剪率大于 70%时，NC 值保持在 0.9 以上。因此，所提出的算法对大范围的裁剪攻击具有良好的鲁棒性。

表 4.26 裁剪攻击实验结果

裁剪比例	裁剪位置	提取效果	NC 值
30%		 GIS MAP	1.000
40%		 GIS MAP	0.999
50%		 GIS MAP	0.998
60%		 GIS MAP	0.988
70%		 GIS MAP	0.986

6）随机增点攻击

该算法增加噪声点对特征点提取的影响较小，由表 4.27 可知，即使增加 80%的冗余点，依然可以提取大于 0.8 的 NC 值，因此该算法对随机增点攻击具有良好的鲁棒性。

表 4.27 随机增点攻击实验结果

数据	攻击方式 攻击程度	随机增点攻击强度			
		20%	40%	60%	80%
(a)	提取效果	GIS MAP	GIS MAP	GIS MAP	GIS MAP
	NC 值	0.999	0.997	0.993	0.977
(b)	提取效果	GIS MAP	GIS MAP	GIS MAP	GIS MAP
	NC 值	1.000	1.000	1.000	1.000
(c)	提取效果	GIS MAP	GIS MAP	GIS MAP	GIS MAP
	NC 值	0.996	0.988	0.976	0.956
(d)	提取效果	GIS MAP	GIS MAP	GIS MAP	GIS MAP
	NC 值	1.000	1.000	0.999	0.997

4.5 运用特征点的不规则三角网 DEM 盲水印算法

考虑 DEM 数据常见的水印攻击方式，结合不规则三角网 DEM 数据结构，设计了一种运用特征点的不规则三角网 DEM 盲水印算法。运用不规则三角网 DEM 特征点提取技术，以特征三角网节点作为水印嵌入的载体，针对简化攻击和裁剪攻击，以合适的映射机制完成对不规则三角网 DEM 盲水印算法的研究，并进行相应的实验分析，对水印嵌入的不可见性、含水印不规则三角网 DEM 数据精度和应用精度做对比分析统计，针对常见的水印攻击方式进行相应的算法鲁棒性测试。最终，运用特征点提取技术，建立一种在抵抗简化攻击和裁剪攻击方面鲁棒性较强的不规则三角网 DEM 盲水印算法。

在不规则三角网 DEM 中嵌入数字水印信息，首先需要寻找嵌入载体。与规则格网 DEM 只能将高程数据作为嵌入载体相比，不规则三角网 DEM 数据水印载体可选择性更多。其中平面三角网节点坐标值具有不规则性、独立性，可以在精度允许范围内对三角网节点坐标进行小幅度扰动，这样并不影响数据的使用价值（Polidori and El Hage，2020）。将三角网节点坐标值进行放大处理后，其作为映射变量的可映射水印量会提升，因此本节选择平面三角网节点坐标值作为水印载体。

不规则三角网 DEM 精度要求较高，针对其进行的水印攻击常采用精度可控或不影响数据精度的方式，如高程平移、几何裁剪、简化攻击等。为了能够使水印算法具有较强的鲁棒性，又尽量减少对原始数据的修改量，不能将所有三角网节点数据都作为水印载体。特征点提取技术是矢量地理空间数据数字水印技术常用的嵌入方法之一，将水印嵌入提取的特征点中，可以有效地降低对原始矢量数据的修改量，并且特征点有抵抗简化的特性。不规则三角网节点数据在表现形式上与矢量数据有相似之处（Guth et al., 2021），可以借鉴特征点水印算。对原始不规则三角网 DEM 进行抽稀三角网节点处理，提取特征三角网节点，将其作为水印嵌入的载体。抵抗裁剪攻击是不规则三角网 DEM 水印算法研究的另一个目标，裁剪攻击主要会导致不规则三角网 DEM 数据部分丢失，可以采用映射机制多次嵌入水印信息解决。对提取到的特征三角网节点坐标进行放大处理，将放大后的节点坐标值最高有效位以前部分作为映射变量，以量化的方式将水印信息嵌入特征节点坐标值得末尾部分，这样不仅保证了节点坐标数据的精度有效性，而且即使非特征节点被简化或者删除，也不会影响水印信息的提取。因此，本节算法利用提取特征点，以较小的误差代价完成了水印信息的嵌入，并能做到误差可控，而且在抵抗简化攻击裁剪攻击和高程平移攻击方面有良好的鲁棒性。

4.5.1　特征点提取

不规则三角网 DEM 抽稀处理是对原始数据的一种压缩技术，在最大程度保留 DEM 地形特征的前提下，将冗余数据剔除掉，其抽稀程度可根据实际使用的数据精度需求而定（Mesa-Mingorance and Ariza-López, 2020）。刘春和吴杭彬（2007）利用相邻三角网面法线向量之间的夹角为判断依据，提出了一种不规则三角网 DEM 数据抽稀算法，较好地顾及了地形特征。从其研究成果可以得出，将高程值作为节点的 z 坐标，则某三角网节点坐标 (x, y, z)，因为平坦区域上采集点构成的不规则三角网包含的地形特征信息量较少，所以对应三角网的面法线向量趋近于平行，即相邻三角形面法线向量的夹角较小。利用不规则三角网 DEM 的这一性质，可以对三角网进一步压缩。如果过某点的三角形有 m 个，那么任意两三角形之间的面法线向量夹角为 C_m^2，求出这 C_m^2 个夹角的最大值，当这个最大值小于设定的抽稀阈值时，则这个点就删除，局部重新构网，否则予以保留。经过抽稀算法处理后保留下来的三角网节点即本节算法所需特征点。抽稀前后不规则三角网局部对比如图 4.20 所示。

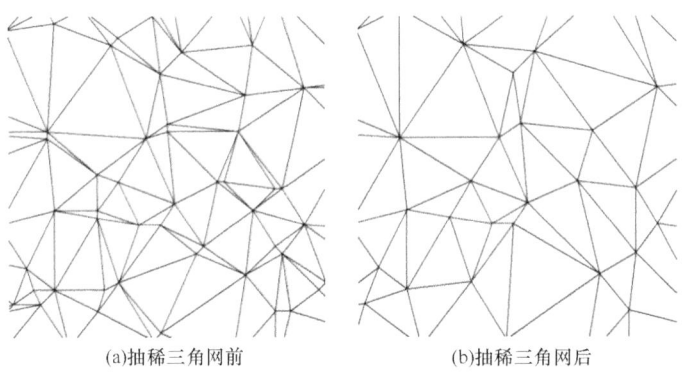

(a)抽稀三角网前　　　　　　(b)抽稀三角网后

图 4.20　抽稀前后对比图

4.5.2 水印嵌入与检测

1. 水印信息嵌入

水印嵌入算法流程如图 4.21 所示。

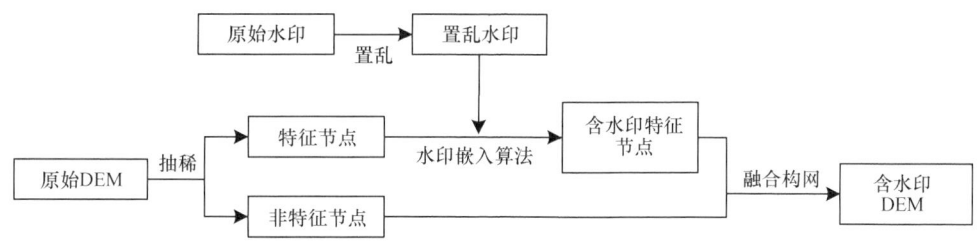

图 4.21 水印嵌入流程图

步骤 1：水印信息生成。本节采用有意义的二值图像水印信息。为了降低水印信息的相关性，在水印信息嵌入前，对其进行 Logistic 混沌变换达到置乱水印的效果，再将其转换为一维序列 $w(i)=\{0,1\}, i=(1,2,\cdots,M)$，$M$ 为水印信息长度。

步骤 2：提取特征三角网节点数据。读取原始数据，对其应用上文中的抽稀算法处理，得到抽稀后的不规则三角网 DEM 数据，提取其三角网节点，将其坐标值扩大 10 倍，得到 $Px(i), i=(1,2,\cdots,N)$，N 为提取到的特征点个数。

步骤 3：嵌入水印信息。首先计算特征点坐标值映射的水印位，$\text{index}X = \text{floor}(\text{mod}(Px(i)/H, M)) + 1$；其中 H 为扩大位数与坐标值小数点后最高有效位的位数之差，即将扩大的坐标值再缩小至映射有效位，根据数据精度要求选择对应的映射有效位，本节算法 H 取 10000。根据映射水印位，逐个判断和修改特征三角网节点坐标值，以量化的方式将水印嵌入特征点数据中，量化值为 R，分两种情况处理，如下所示：

$$\begin{aligned}&\text{(a) if } w(\text{index}X) = 0 \text{ and } \text{Mod}(Px(i), R) \geqslant R/2\\&\qquad Px(i) = Px(i) - R/2\\&\text{(b) if } w(\text{index}X) = 1 \text{ and } \text{Mod}(Px(i), R) < R/2\\&\qquad Px(i) = Px(i) + R/2\end{aligned} \qquad (4.40)$$

根据不同的水印嵌入强度需求，可对特征三角网节点 Y 坐标进行同样的水印嵌入处理。

步骤 4：将特征三角网节点数据小数点位再还原至原始状态，用嵌入水印后的特征三角网节点与原始非特征三角网节点融合，重新构建不规则三角网，生成带水印的不规则三角网 DEM。

2. 水印信息提取检测

水印的提取方法是水印嵌入的逆过程。

步骤 1：读取待检测 DEM，提取特征三角网节点数据。对待检测数据应用抽稀算法处理，提取特征三角网节点数据，并将其扩大 10 倍，得到 $Px'(i), i=(1,2,\cdots,N)$，N 为提取到的特征点个数。

步骤2：采用水印嵌入时同样的方法和量化值 R，逐一对所有特征点计算坐标值映射水印位 indexX，并判断量化幅度得出对应水印位的数值，具体如下所示：

$$(a) w'(\text{index}X) = w'(\text{index}X) - 1, \text{if } \text{Mod}(Px'(i), R) < R/2$$
$$(b) w'(\text{index}X) = w'(\text{index}X) + 1, \text{if } \text{Mod}(Px'(i), R) \geqslant R/2 \tag{4.41}$$

步骤3：由于同一水印位进行了多次嵌入，因此以上循环完成后采用投票原则对提取到的水印序列处理，得到 $w''(i)$，方法如下所示：

$$(a) w''(i) = 1, \text{if } w'(i) > 0$$
$$(b) w''(i) = 0, \text{if } w'(i) \leqslant 0 \tag{4.42}$$

如果水印嵌入时对特征三角网节点 Y 坐标值也进行了处理，提取时只需将 XY 坐标合并处理即可。

步骤4：将提取到的一维水印序列转换为二维图像，并进行反置乱处理，获得最终的水印信息图像。

4.5.3　实验与分析

为了验证算法的实用性和鲁棒性，本节选择了一幅不规则三角网 DEM 数据进行实验分析。原始不规则三角网 DEM 含三角形 439519 个、节点数 220166 个。原始水印信息为 64×32 的二值图像。实验结果如图 4.22 所示，可以看出，嵌入水印前后不规则三角网 DEM 三维渲染图从主观视觉上基本一致，放大后同样没有差异，说明本节算法具有良好的不可见性。

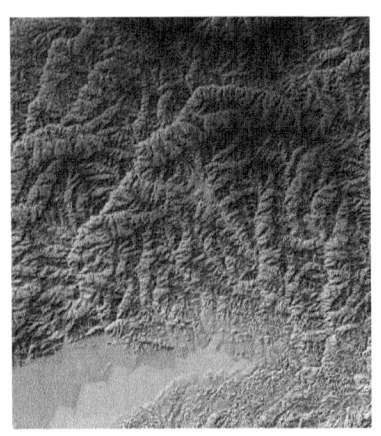
(a)原始TIN-DEM高程渲染图

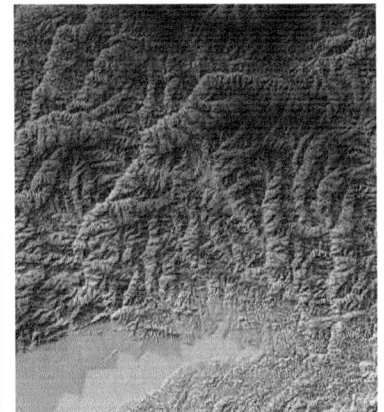
(b)含水印TIN-DEM高程渲染图

(c)原始水印

(d)提取的水印

图 4.22　实验结果

1. 精度分析

为了分析本节算法对 DEM 数据误差和精度的影响，将原始不规则三角网 DEM 和嵌入水印后不规则三角网 DEM 进行统计对比，结果如表 4.28 所示。表 4.29 为水印嵌入造成的三角网节点坐标均方根误差（RMSE）和最大误差统计。$\text{RMSE}=\sqrt{\dfrac{\sum d_i^2}{M}}\,(i=1,2,\cdots,k)$，其中 M 表示带水印特征点个数，$d_i=\sqrt{\Delta x^2+\Delta y^2}$。$\Delta x$ 和 Δy 分别表示特征点在 x、y 方向上的偏移量。

表 4.28 水印嵌入前后 TIN-DEM 统计对比

数据类型	坡度最小值/(°)	坡度最大值/(°)	平均坡度值/(°)	最小高程值/m	最大高程值/m	高程平均值/m
原始 TIN-DEM	0.23	78.96	20.81	234	3754	1303
含水印 TIN-DEM	0.24	78.87	20.76	234	3754	1303

表 4.29 误差统计

节点总数	特征节点数	均方根误差	最大误差
220166	101553	3.8775×10^{-9}	5.656×10^{-9}

从表 4.28 可以看出，水印嵌入前后对不规则三角网 DEM 坡度影响较小，这是由于算法只提取特征点作为载体，并没有改变非特征点数据，而且大幅减少对原始数据的修改总量，对特征点坐标进行扩大处理，选择合适的量化幅度将水印嵌入最高精度有效位以后，只有极少数三角网进行了重新构建。算法没有将高程值作为水印嵌入载体，高程值没有变化。从表 4.29 可以看出，均方根误差和最大误差都较小，在可控范围内。由于水印映射有效位选择和量化幅度是基于数据的精度要求，因此本节算法在水印嵌入引起的误差控制方面表现良好。

从原始和嵌入水印后的不规则三角网 DEM 数据中分别提取等高线图、坡度图、坡向图，将其局部放大对比显示，结果如图 4.23（a）～（h）所示，从视觉上看变化很小，并且三角网的拓扑结构也没有明显变化，结合表 4.29 中的 REMS 误差统计分析，发现本节算法在保证数据精度和水印不可见性方面表现良好。

2. 鲁棒性分析

抵抗水印攻击是衡量数字水印算法优劣的标准之一，为了验证本节算法在抵抗水印攻击方面的鲁棒性，对含水印的不规则三角网 DEM 数据进行了不同程度的攻击后提取水印，结果如表 4.30 所示。

从表 4.30 中可以看出，含水印不规则三角网 DEM 数据在受到高程平移攻击、裁剪攻击和简化攻击后，对提取到的水印信息并没有影响。这是由于算法没有选择高程值作为水印载体，在嵌入水印信息时采用了有效位映射机制，并进行了多次嵌入。其中，对于简化攻击表现出的良好抵抗性，是由于提取了算法在嵌入水印前对原始数据已经进行了抽稀简化处理，提取了特征点，只针对特征点信息进行水印嵌入。综合实验结果可以看出，算法在抵抗高程平移攻击、裁减攻击、简化攻击方面表现出了良好的鲁棒性。

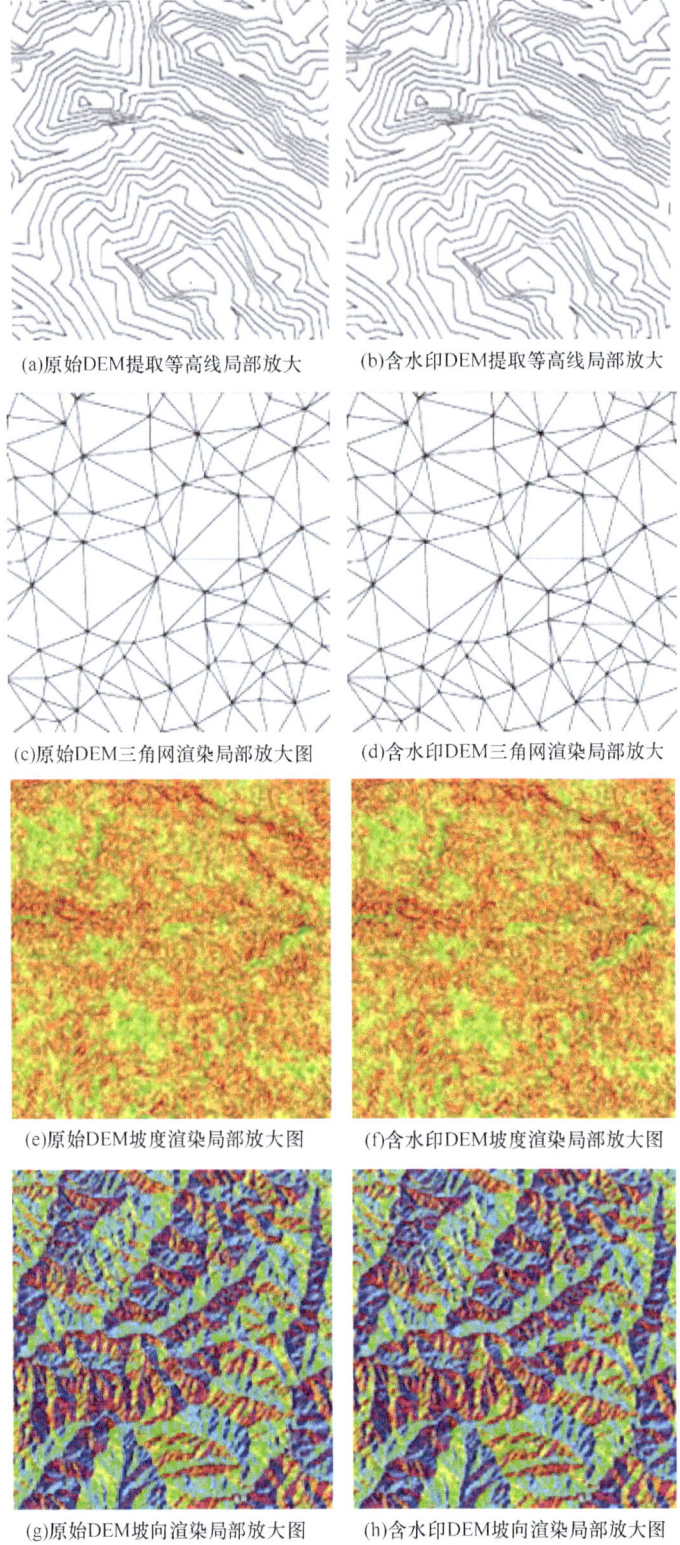

图 4.23 原始数据与含水印数据提取结果局部放大图

表 4.30　本节算法水印攻击实验结果

攻击类型	攻击程度	提取到了水印	相关系数
高程平移攻击	增加 70m	水印	1
	增加 110m	水印	1
	减少 80m	水印	1
	减少 40m	水印	1
裁剪攻击		水印	1
		水印	1
		水印	1
简化攻击	总节点简化 10%	水印	1
	总节点简化 20%	水印	1
	总节点简化 30%	水印	1

4.6 小　　结

三维空间数据水印技术是数字版权保护领域的前沿研究方向，针对三维点云、BIM 模型和不规则三角网（DEM）等数据类型的特定需求，本章提出并探讨了多种创新的水印嵌入算法，以提高数据的安全性、鲁棒性和实用性。首先介绍了基于格网划分的算法，通过预处理和 QIM 嵌入水印信息到点云数据中，算法具备了良好的鲁棒性，尤其对于各类几何攻击有显著抵抗能力。其次，探讨了基于顶点分组的倾斜摄影三维模型算法，虽然在缩放和噪声攻击下仍有改进空间，但在保持模型特征稳定性和可控精度方面表现突出。接着，提出了运用 DFT 的 BIM 模型数据鲁棒水印算法，其适用于 DXF 格式的数据保护，尤其在频域水印嵌入和检测中展现了良好的实用性和安全性。最后，介绍了基于马氏距离的三维点云数据零水印算法和特征点提取技术结合的不规则三角网 DEM 盲水印算法，这些算法不仅保证了数据的高精度和抵抗几何攻击的能力，还在实验验证中展现了较低的数据失真和良好的鲁棒性。这些算法共同为三维空间数据的版权保护提供了多样化和有效的技术支持。

综合来看，本章介绍的几种三维空间数据水印算法各具特色，分别针对点云、BIM 模型和 DEM 等不同类型的三维数据，提出了定制化的解决方案。这些算法不仅提升了数据在传输和使用过程中的安全性，也为未来多维空间数据的版权保护提供了强有力的技术支撑。在后续研究中，进一步结合多重水印、深度学习等技术，将有望提升水印算法的鲁棒性与适应性，使其在更多实际场景中得到广泛应用。

第5章 矢量空间数据数字指纹算法

分发之后的矢量空间数据版权保护一般涉及版权归属判定和非法传播者（叛逆者）追踪两个问题。近年来，矢量空间数据版权保护的主要技术手段是数字水印技术，该技术是将版权标识信息通过一定算法嵌入矢量空间数据中，以实现版权保护，其虽能在一定程度上解决版权归属判定的问题，但对叛逆者追踪问题却无能为力（Prabha and Sam, 2022）。数字指纹技术作为未来版权保护的主要研究方向，是在分发的每份数据中嵌入唯一与购买者有关的信息（指纹），来实现版权保护和叛逆者追踪。由于其应用原理与实际分发过程更为符合，这一技术已经在图像、音频、视频等多媒体数据版权保护领域中得到了广泛的应用。然而，在矢量空间数据的版权保护领域鲜有研究（Tripathi et al., 2024; Yu et al., 2023）。

5.1 基于 I 码和 CFF 码的矢量空间数据数字指纹算法

数字指纹技术的核心是抗合谋攻击指纹编码，指纹编码的好坏不仅影响数字指纹系统的感知性，而且也关系到指纹算法的抗合谋攻击能力（Alrabaee et al., 2022）。一般地，矢量空间数据分发过程中涉及的用户量较大，这就需要更长的指纹编码来保证指纹的抗合谋攻击能力，但码字长度过长，不仅会使指纹的不可感知性下降，还会影响矢量空间数据的质量（Megías et al., 2020）。因此，本节在对矢量空间数据特征分析的基础上，结合 I 码和 CFF 码的优势，提出了基于 I 码和 CFF 码的矢量空间数据数字指纹算法。

本节算法首先构造 I 码和 CFF 码，并基于分块编码的思想对 I 码和 CFF 码进行分块编码建立指纹库；然后根据购买矢量空间数据的用户信息，为其分配一个唯一的指纹序列，并在指纹库中进行标记，以防止指纹被重复使用而丧失可信性；最后将指纹序列利用 QIM 方法量化嵌入待分发的矢量空间数据 DFT 相位系数中，得到含指纹的矢量空间数据，完成数据分发。当发现可疑数据后，数据分发单位通过提取可疑数据的指纹信息，与指纹库中指纹进行比对，计算其汉明距离，判定与可疑数据所含指纹汉明距离最小的指纹所对应的用户为叛逆者（Li et al., 2022），从而实现叛逆者追踪。

5.1.1 指纹编码

1. I 码

I 码 $\varGamma(n,d)$ 由标准正交矩阵求补得到，其参数 n 表示用户容量，d 表示汉明距离，则编码的最小汉明距离为 $2d$，矩阵的每一行代表一个码字，I 码 $\varGamma(5,1)$ 如图 5.1 所示。

0	1	1	1	1
1	0	1	1	1
1	1	0	1	1
1	1	1	0	1
1	1	1	1	0

图 5.1　I 码 $\varGamma(5,1)$

任意 c 个 $(2 \leqslant c \leqslant n)$ 用户进行"与"合谋时，所得指纹中 0 的位置是唯一的，可根据 0 的位置正确地追踪到叛逆者。但任何两个用户进行"或"合谋时，生成的指纹都为 11111，无法正确追踪到任何一个合谋用户。为使 I 码能同时抵抗"与"合谋、"或"合谋及平均攻击，则需对 I 码下三角全为 1 的元素取反，并用 10 和 01 扩展 1 和 0，改造后的 I 码能够正确追踪到至少一个合谋用户，可满足基本的叛逆者追踪要求，改造后的 I 码如图 5.2 所示。

0	1	1	0	1	0	1	0	1	0
0	1	0	1	1	0	1	0	1	0
0	1	0	1	0	1	1	0	1	0
0	1	0	1	0	1	0	1	1	0
0	1	0	1	0	1	0	1	0	1

图 5.2　改造后的 I 码

2. CFF 码

CFF 码是具有 n 个元素 N 个区组的一个系统 (X,F)，表示为 $r-\mathrm{CFF}$ $(r-\mathrm{CFF}(n,N))$。任意属于 F 中的 r 个区组 $A_1, A_2, \cdots, A_r$ 及任何其他一个属于 F 的区组 B_0 之间满足 $B_0 \not\subseteq \bigcup_{J=1}^{r} A_J$，即 CFF 区组构造时，只需满足已出现在某一 CFF 区组中的元素对，不可再出现在其余区组中这一唯一条件。将 $r-\mathrm{CFF}$ 的关联矩阵 M 按位取反就得到抗 r 个用户合谋的 CFF 编码。集合 $V = \{1,2,3,4,5,6,7,8,9,10,11,12\}$，用于构造 $2-\mathrm{CFF}(12,16)$，其构造过程如下。

步骤 1：构造元素均为 1 的 $n \times n$ 布尔矩阵 B。

步骤 2：以集合 $\{(1,\cdots,r+1),(r+2,\cdots,2r+2),\cdots,(n-r,\cdots,n)\}$ 和 $\{[1,n/(r+1)+1,\cdots,(r \times n)/(r+1)+1]$，$[2,n/(r+1)+2,\cdots,(r \times n)/(r+1)+2],\cdots,[n/(r+1),2n/(r+1),\cdots,n]\}$ 的并集作为 CFF 基础集 G，修改 B 中对应元素对的值，如 $(1,5,9)$ 区组的元素对为 $\langle 1,5 \rangle, \langle 5,1 \rangle, \langle 1,9 \rangle, \langle 9,1 \rangle, \langle 5,9 \rangle, \langle 9,5 \rangle$，将 B 中对应位置设为 0，表示该元素对已经出现，不能再出现在其他区组中。利用该集合构造的基础集为 $(1,2,3),(4,5,6),(7,8,9)$，$(10,11,12),(1,5,9),(2,6,10),(3,7,11),(4,8,12)$。

步骤 3：以 G 为初始值，对 V 中 12 个元素进行 3 阶全排列，遍历所有区组，判断某个区组的元素对 B 中对应值是否为 0，若值为 0 则表示该元素对已经出现，应该舍弃该区组；若值为 1 则表示该元素对尚未出现，应保留该区组。生成的 CFF 区组为 $(1,2,3),(2,4,9),(3,4,10),(4,5,6),(1,4,7),(2,5,7),(3,5,8),(4,8,12),(1,5,9),(2,6,10),(3,6,9),(7,8,9),(1,6,8),(2,8,11),(3,7,11),(10,11,12)$。

步骤 4：以 CFF 区组构造 $N \times n$ 的关联矩阵 M，M 中每行对应一个 CFF 区组，区组元素对应位置值为 1，其余位置为 0。

步骤 5：将 M 按位取反得到码字矩阵 C，即 r-CFF。

步骤 6：对 C 进行扩展，以提高指纹抗合谋攻击能力，扩展方式为用 10 和 01 分别替换 1 和 0，最终得到 r-CFF 编码，如图 5.3 所示。

0	1	0	1	0	1	1	0	1	0	1	0	1	0	1	0	1	0	1	0	1	0	1	0
1	0	0	1	1	0	0	1	1	0	1	0	1	0	1	0	0	1	1	0	1	0	1	0
1	0	1	0	0	1	0	1	1	0	1	0	1	0	1	0	1	0	0	1	1	0	1	0
1	0	1	0	1	0	0	1	0	1	0	1	1	0	1	0	1	0	1	0	1	0	1	0
0	1	1	0	1	0	0	1	1	0	1	0	0	1	1	0	1	0	1	0	1	0	1	0
1	0	0	1	1	0	1	0	0	1	1	0	0	1	1	0	1	0	1	0	1	0	1	0
1	0	1	0	0	1	1	0	1	0	1	0	0	1	0	1	1	0	1	0	1	0	1	0
1	0	1	0	1	0	1	0	1	0	1	0	1	0	0	1	1	0	1	0	1	0	0	1
0	1	1	0	1	0	1	0	0	1	1	0	1	0	1	0	1	0	1	0	1	0	1	0
1	0	0	1	1	0	1	0	1	0	0	1	1	0	1	0	0	1	1	0	1	0	1	0
1	0	1	0	0	1	1	0	1	0	0	1	1	0	1	0	1	0	1	0	1	0	1	0
1	0	1	0	1	0	1	0	1	0	1	0	0	1	1	0	1	0	1	0	1	0	1	0
0	1	1	0	1	0	0	1	1	0	1	0	1	0	1	0	1	0	1	0	1	0	1	0
1	0	1	1	0	1	0	0	1	1	0	1	0	1	0	1	0	0	1	0	0	1	1	0
1	0	1	0	0	1	1	0	1	0	1	0	1	0	1	0	1	0	0	1	1	0	1
1	0	1	0	1	0	1	0	1	0	1	0	1	0	0	1	0	1	0	1	0	1	0	1

图 5.3 r-CFF 编码

3. I 码和 CFF 码分块编码

将 I 码和 CFF 码分别作为地区码和用户码进行分块编码，记为 ICFF，ICFF 编码如图 5.4 所示，构造步骤如下。

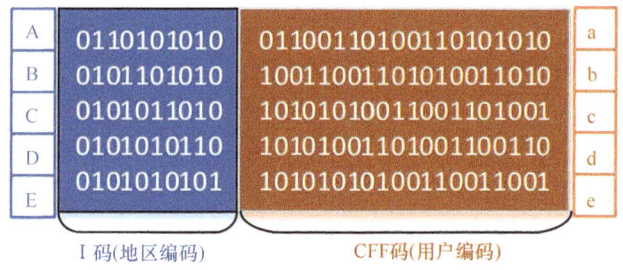

图 5.4 分块编码示意

步骤 1：选定集合 V 和抗合谋攻击人数 r，构造元素均为 1 的 $n \times n$ 布尔矩阵 B。

步骤 2：构造 $N \times n$ 的 CFF 码字矩阵。

步骤 3：构造 $N \times N$ 的 I 码码字矩阵。

步骤 4：将 I 码和 CFF 码用 10 和 01 扩展 1 和 0，以更好地抵抗平均攻击。

所构指纹码长为 $2(N+n)$，其用户容量为 N^2。该方法在保证抗合谋攻击的同时，码长较短、用户容量较大，同时该指纹编码可通过 I 码快速定位到某个地区，再通过 CFF 码精准找到合谋用户。

由图 5.4 可知，若有 5 个地区，每个地区 5 个用户，则需要 25 个指纹。实际应用中，部分地区用户量较大，而一些地区用户量少，其中用户量大的地区可使用多个地区编码，以满足数据分发需求。例如，将 A、B、C 划分为 A 片区，则分发时可为 A 片区提供 15 个指纹，而为用户较少的 D 和 E 则分别提供 5 个指纹。

5.1.2 指纹嵌入与提取追踪

1. 指纹信息嵌入

鉴于 DFT 域矢量空间数据水印算法具有鲁棒性高的优点，指纹嵌入与提取采用 DFT 域算法实现，DFT 域指纹嵌入算法流程如下。

步骤 1：读取矢量空间数据，应用式（5.1）将坐标点构造出复数序列 $\{a_k\}$；

$$a_k = x_k + iy_k \ (k=1,2,\cdots,N) \tag{5.1}$$

式中，x_k、y_k 为顶点坐标值；N 为要素顶点的数目。

步骤 2：对 a_k 进行 DFT 变换，计算得到相位系数 $|A_t|$ 和幅度系数 $\{\alpha_t\}$。

步骤 3：应用 Logistic 混沌算法对待嵌入的指纹进行置乱，以增加指纹安全性，Logistic 变换的初始值作为指纹信息提取的密钥。

步骤 4：应用 QIM 方法将指纹信息嵌入相位系数中，量化嵌入过程如下所示：

$$\begin{cases} |A_t'| = |A_t| - \dfrac{Q}{2}, \text{ICFF}(i)=0 \text{ 且 MOD}(|A_t|,Q) > \dfrac{Q}{2} \\ |A_t'| = |A_t| + \dfrac{Q}{2}, \text{ICFF}(i)=1 \text{ 且 MOD}(|A_t|,Q) \leqslant \dfrac{Q}{2} \end{cases} \tag{5.2}$$

式中，Q 为量化值；ICFF 为指纹序列；$|A_t'|$ 为含指纹 DFT 相位系数序列。

步骤 5：对 $|A_t'|$ 进行 DFT 逆变换，得到含指纹矢量空间数据。

2. 指纹信息提取追踪

当发现可疑矢量空间数据后，按照如下流程来提取和跟踪叛逆者。

步骤 1：读取可疑矢量空间数据，根据式（5.1）产生复数序列 $\{a_k'\}$。

步骤 2：对 $\{a_k'\}$ 进行 DFT 变换，得到相位系数 $|A_t'|$。

步骤 3：通过 QIM 方法提取 ICFF 的值，Q 为指纹嵌入时的量化值。

步骤 4：对提取到的序列进行 Logistic 反置乱。

步骤 5：由于每个指纹都被多次嵌入，因此对 Logistic 反置乱后的指纹序列采用投票原则确定指纹信息，得到最终的指纹序列。计算方法是：定义与指纹序列等长的整数

序列 $\{B(i)=0, i=1,\cdots,M\}$。单个指纹位 $b'(i)=\{1,-1\}$，相同指纹位提取时使用公式 $B(i)=B(i)+b'(i)$ 来统计指纹值–1 和 1 的多数，1 为多数则 $B(i)>0$，反之 $B(i)\leqslant 0$。然后根据式（5.3）重构指纹序列：

$$\mathrm{ICFF}'(i)=\begin{cases}1, B(i)>0\\0, B(i)\leqslant 0\end{cases} \tag{5.3}$$

步骤 6：计算提取的指纹序列与指纹库中指纹的汉明距离，判定与可疑指纹序列汉明距离最小的库中指纹所对应的用户为非法用户，从而追踪叛逆者。

汉明距离（胡维华等，2016）是信息论里的一个基本概念，描述两个 n 长码字 $x=\{x_1,x_k,\cdots,x_n\}$，$y=\{y_1,y_k,\cdots,y_n\}$ 之间的距离，计算公式如式（5.4）所示：

$$D(x,y)=\sum_{k=1}^{n} x_k \oplus y_k \tag{5.4}$$

式中，$x_k\in\{0,1\}$；$y_k\in\{0,1\}$；$\oplus$ 表示模 2 加运算；$D(x,y)$ 表示两个指纹序列在相同位置上不同码字数目的总和，它能够反映两个指纹序列之间的差异，可客观评价指纹序列之间的相似程度。

5.1.3 实验与分析

1. 实验设计

本节以 MATLAB R2015a 为平台对提出的数字指纹算法进行实验验证。实验数据采用某地行政区边界数据，数据格式为 ArcGIS 的 Shp 格式。实验构造的 ICFF 指纹编码如图 5.5 所示，码长为 56，用户容量为 256，其中 I 码长为 32，CFF 码长为 24，实验中选择 a～f 6 个用户进行实验，其指纹如图 5.6 所示。

0	1	1	0	1	0	1	0	1	0	1	0	1	0	1	0	1	0	1	0	1	0	1	0	1	0	1	0	1	0	1	0	0	1	0	1	0	1	1	0	1	0	1	0	1	0	1	0	1	0	1	0	1	0	1	0
0	1	0	1	1	0	1	0	1	0	1	0	1	0	1	0	1	0	1	0	1	0	1	0	1	0	1	0	1	0	1	0	1	0	0	1	1	0	0	1	1	0	1	0	1	0	1	0	0	1	1	0	1	0	1	0
0	1	0	1	0	1	1	0	1	0	1	0	1	0	1	0	1	0	1	0	1	0	1	0	1	0	1	0	1	0	1	0	1	0	1	0	0	1	0	1	1	0	1	0	1	0	1	0	1	0	0	1	1	0	1	0
0	1	0	1	0	1	0	1	1	0	1	0	1	0	1	0	1	0	1	0	1	0	1	0	1	0	1	0	1	0	1	0	1	0	1	0	1	0	0	1	0	1	0	1	1	0	1	0	1	0	1	0	1	0	1	0
0	1	0	1	0	1	0	1	0	1	1	0	1	0	1	0	1	0	1	0	1	0	1	0	1	0	1	0	1	0	1	0	0	1	1	0	1	0	0	1	1	0	1	0	0	1	1	0	1	0	1	0	1	0	1	0
0	1	0	1	0	1	0	1	0	1	0	1	1	0	1	0	1	0	1	0	1	0	1	0	1	0	1	0	1	0	1	0	1	0	0	1	1	0	1	0	0	1	1	0	0	1	1	0	1	0	1	0	1	0	1	0
0	1	0	1	0	1	0	1	0	1	0	1	0	1	1	0	1	0	1	0	1	0	1	0	1	0	1	0	1	0	1	0	1	0	1	0	0	1	1	0	0	1	1	0	1	0	0	1	1	0	1	0	1	0	1	0
0	1	0	1	0	1	0	1	0	1	0	1	0	1	0	1	1	0	1	0	1	0	1	0	1	0	1	0	1	0	1	0	1	0	1	0	1	0	0	1	1	0	1	0	1	0	0	1	1	0	1	0	1	0	0	1
0	1	0	1	0	1	0	1	0	1	0	1	0	1	0	1	0	1	1	0	1	0	1	0	1	0	1	0	1	0	1	0	0	1	1	0	1	0	1	0	0	1	1	0	1	0	1	0	0	1	1	0	1	0	1	0
0	1	0	1	0	1	0	1	0	1	0	1	0	1	0	1	0	1	0	1	1	0	1	0	1	0	1	0	1	0	1	0	1	0	0	1	1	0	1	0	1	0	0	1	1	0	1	0	1	0	0	1	1	0	1	0
0	1	0	1	0	1	0	1	0	1	0	1	0	1	0	1	0	1	0	1	0	1	1	0	1	0	1	0	1	0	1	0	1	0	1	0	0	1	1	0	1	0	0	1	1	0	1	0	0	1	1	0	1	0	1	0
0	1	0	1	0	1	0	1	0	1	0	1	0	1	0	1	0	1	0	1	0	1	0	1	1	0	1	0	1	0	1	0	1	0	1	0	1	0	1	0	1	0	1	0	0	1	0	1	0	1	1	0	1	0	1	0
0	1	0	1	0	1	0	1	0	1	0	1	0	1	0	1	0	1	0	1	0	1	0	1	0	1	1	0	1	0	1	0	0	1	1	0	1	0	1	0	1	0	0	1	1	0	0	1	1	0	1	0	1	0	1	0
0	1	0	1	0	1	0	1	0	1	0	1	0	1	0	1	0	1	0	1	0	1	0	1	0	1	0	1	1	0	1	0	1	0	0	1	1	0	1	0	1	0	1	0	1	0	0	1	1	0	1	0	0	1	1	0
0	1	0	1	0	1	0	1	0	1	0	1	0	1	0	1	0	1	0	1	0	1	0	1	0	1	0	1	0	1	1	0	1	0	1	0	0	1	1	0	1	0	1	0	0	1	1	0	1	0	1	0	0	1	1	0
0	1	0	1	0	1	0	1	0	1	0	1	0	1	0	1	0	1	0	1	0	1	0	1	0	1	0	1	0	1	0	1	1	0	1	0	1	0	1	0	1	0	1	0	1	0	1	0	1	0	0	1	0	1	0	1

图 5.5 ICFF 指纹编码

图 5.6 用户指纹

假设有用户购买矢量空间数据，分发单位从指纹库中按照该用户所在地区选择一个地区编码，然后随机为该用户选择一个用户编码，并在库中做好标记，以防重复使用。图 5.7（a）为原始矢量空间数据，图 5.7（b）为含指纹矢量空间数据。

(a)原始矢量空间数据　　　　　　　　　(b)含指纹矢量空间数据

图 5.7　指纹嵌入前后对比图

实验一：单用户攻击实验。

在矢量空间数据应用中，数字指纹也跟数字水印一样，常常受到用户有意或无意攻击，为保证在攻击后仍能有效提取出指纹，算法应具有一定的鲁棒性。实验中对含指纹矢量空间数据进行了一系列攻击，包括平移、缩放、旋转和裁剪，实验结果见表 5.1。

表 5.1　单用户攻击实验

	无攻击	平移 10 个单位	缩小为原来的 20%	放大 5 倍	旋转 2 度	裁剪 30%	裁剪 70%
$D(X,Y)$	0	0	0	0	12	0	0

实验二：两用户合谋攻击实验。

抗合谋攻击能力是数字指纹评价的主要技术指标，合谋者一般会选择被追踪到可能性最小的合谋策略，同时又能构造出不属于任何用户或某个无辜用户的指纹（Huang et al., 2013）。合谋攻击分为线性合谋攻击和非线性合谋攻击，其中线性合谋是指多个用户通过将他们的数据进行线性运算得到盗版数据，这种攻击方式简单易行，且每个参与合谋的用户被追踪到的风险是均等的，因此这种合谋攻击最为常见。平均攻击就是一种常见的线性合谋攻击方案，其攻击方式如式（5.5）所示。

$$D_{\text{ave}} = \sum_{1}^{k} \frac{(X,Y)_i^K}{K} \tag{5.5}$$

式中，D_{ave} 表示生成的合谋数据；K 表示合谋用户数量；$(X,Y)_i^K$ 表示第 K 个用户数据第 i 个位置的值。

假设某两个用户通过对比各自购买的数据，采用平均攻击来合谋出一份新的数据，记为 K，其所含指纹记为 k。数据分发单位发现 K 数据后，通过遍历指纹库计算提取到的 k 与指纹库中指纹的汉明距离来追踪叛逆者，判定与 k 汉明距离最小的指纹所对应用户为叛逆者。

为验证算法抗两用户合谋攻击能力，设计 3 组实验，实验方案及合谋生成数据所含指纹 k 如表 5.2 所示，其中 $a \sim f$ 用户的指纹如表 5.3 所示。

表 5.2 两用户攻击实验方案

	实验 1（a, b 合谋）	实验 2（c, d 合谋）	实验 3（e, f 合谋）
方案	地区码相同 用户码不同	地区码不同 用户码相同	地区码不同 用户码不同
指纹 k	0110101010101010101010101 010101001101011101110101010 10	01010101010101011101010101001 10101001101010011010110	010101001100111110101100101010 10101011100101101010101010

表 5.3 两用户平均合谋攻击实验

$D(X, Y)$	$D(a, k)$	$D(b, k)$	$D(c, k)$	$D(d, k)$	$D(e, k)$	$D(f, k)$	追踪结果
方案 1	6	2	22	28	14	34	b
方案 2	23	23	1	5	17	19	c
方案 3	24	18	16	20	12	16	e

2. 实验分析

实验一：由表 5.1 可以看出，提出的指纹算法对多种单用户攻击鲁棒性较高。由于指纹嵌入在 DFT 相位系数中，而 DFT 变换具有平移、缩放不变性的优点，因而可抵抗此类攻击；DFT 域算法对旋转攻击鲁棒性较差，但由于旋转攻击后矢量空间数据将失去使用价值，所以数据一般很少受到此类攻击。

实验二：两用户平均合谋实验结果如表 5.3 所示，与 k 指纹汉明距离最小值所对应的用户为追踪到的叛逆者。实验表明，提出的指纹算法能有效抵抗两用户合谋攻击，正确追踪到至少一个叛逆者，未发生误判现象。通常相近地区的用户合谋的可能性较大，由方案 1 追踪结果可知，该算法能保证此类合谋攻击后正确追踪到叛逆者。方案 2 和方案 3 的合谋方案虽然发生的可能性较前者小，但实验结果表明，该算法仍能正确地追踪到叛逆者，保护矢量空间数据的版权。

5.2 一种提高编码效率的矢量空间数据指纹算法

本节基于 GD-PBIBD 编码提出一种提高编码效率的数字指纹算法，并将其运用到矢量空间数据中，保护矢量空间数据分发的版权，为数据分发后非法传播者追踪提供技术支持。该算法依照指纹生成、嵌入及提取与追踪过程进行。整体思路为：首先运用限定条件构造 GD-PBIBD 指纹编码，为了增强嵌入指纹信息的安全性和保密性，用 Logistic 混沌映射置乱待嵌入指纹序列；其次用 D-P 算法提取矢量空间数据的特征点，由于离散傅里叶变换（discrete Fourier transform，DFT）域矢量空间数据水印算法具有鲁棒性高的优点（朱长青等，2014；许德合等，2011），所以指纹嵌入与提取采用 DFT 域算法实现，对特征点实施 DFT 变换得到相位系数和幅度系数，运用 QIM 方法将指纹嵌入 DFT 变换域的幅度系数上，实施 DFT 逆变换（IDFT）得到含指纹的矢量空间数据；当发现可疑数据，再次用 D-P 算法提取矢量空间数据的特征点，对特征点实施 DFT 变换得到幅度系数，运用 QIM 方法得到二进制序列，对其使用 Logistic 映射反置乱，获得可疑指纹序列；最后计算可疑指纹序列与原指纹序列的汉明距离，汉明距离小者为合谋者（陈晓苏和朱大立，2007），从而追踪到合谋者。该算法的流程图如图 5.8 所示。

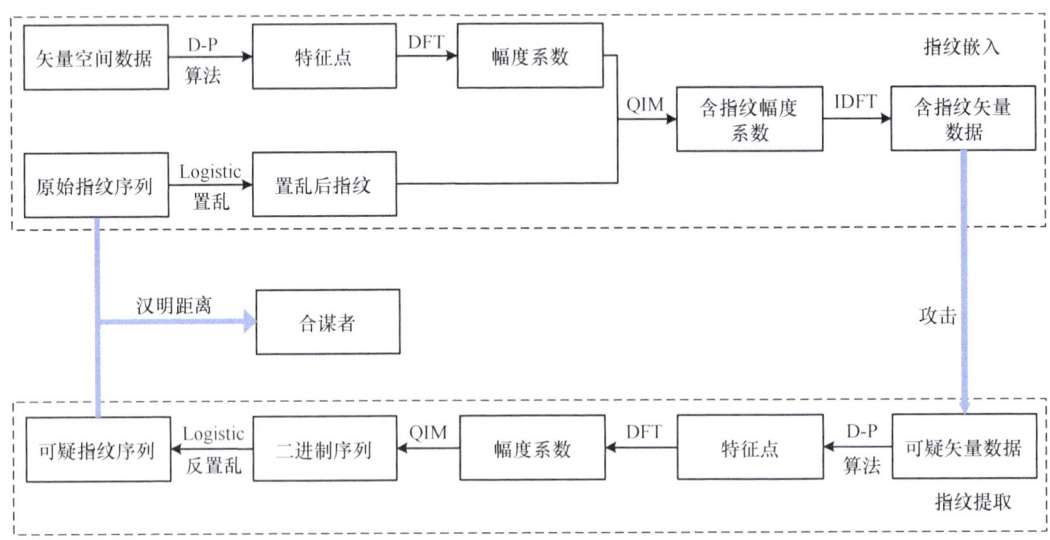

图 5.8　提高编码效率的矢量空间数据指纹算法流程图

5.2.1　指 纹 方 案

1. 指纹构建

利用特殊的 GD-PBIBD 区组得到 AND-ACC，下面首先给出 BIBD 编码和 GD-PBIBD 编码的定义。

设 $S=\{S_1,S_2,\cdots,S_v\}$ 为包含 v 个不同元素的基集，$B=\{B_1,B_2,\cdots,B_b\}$ 是 S 的 b 个 $k-$ 子集，若任意一个元素在 b 中出现了 r 次，且任意每对元素在 b 个子集中出现 λ 次，同时存在 $k<v$，则称 $\{S,B\}$ 构成的区块为均衡不完全区块设计，简记为 $\text{BIBD}(v,b,k,r,\lambda)$ (Trappe et al.，2003)。

$(v,b,r,k,\lambda_1,\lambda_2)$ GD-PBIBD 是将 v 个元素排列成 b 个子集，每个子集大小为 k，并且每个元素重复 r 次，使得组内的每对元素出现 λ_1 次、组间出现 λ_2 次（Kang et al.，2006）。

在 BIBD 编码中只有一个组，任何两个元素在块中出现 λ 次。为了创建块，GD-PBIBD 根据关联关系，将 v 个元素分组作为中间阶段，在同一组中的任何两个元素以块的形式放置 λ_1 次并且在不同的组中以块的形式出现 λ_2 次。因此，使用 GD-PBIBD 编码，可以更灵活地控制块中元素的数量，基于相同数量的元素生成比 BIBD 更多的块。编码效率是指通过设计编码长度容纳的用户数量。依据现有文献研究（KANG et al.，2005；BOSE et al.，1954），当容纳用户数都为 100，抵抗 2~7 个合谋人数时，GD-PBIBD 码的码长较 BIBD 码短，图 5.9 显示了 BIBD 码和 GD-PBIBD 编码效率的对照。

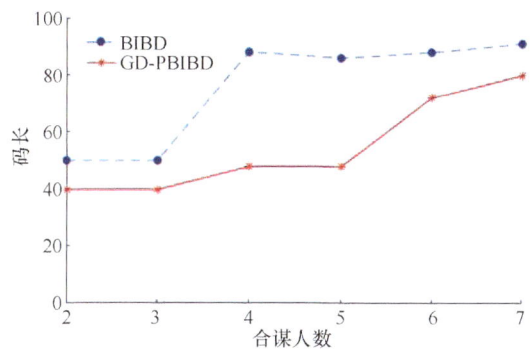

图 5.9 BIBD 和 GD-PBIBD 编码效率

由图 5.9 可知，当抗合谋人数及容纳用户数相同时，GD-PBIBD 的码长明显较 BIBD 短，因此 GD-PBIBD 较 BIBD 编码效率更高。由于嵌入的指纹码长越短，编码效率越高，其内容保真度越高，故 GD-PBIBD 码优于 BIBD 码。

根据实际情况，令 $\lambda_1=0$，$\lambda_2=1$，则 $(v,b,r,k,0,1)$ GD-PBIBD 是具有 b 个用户、抵抗 $k-1$ 个合谋者和编码长度为 v 的码集。本节编码是由 $n=s^{2(p-1)}$ 个用户，抵抗 $s-1$ 个共谋者和码长为 s^p 组成的指纹编码集，表示为 $(s^p, s^{2(p-1)}, s^{p-1}, s, 0, 1)$ GD-PBIBD，其中 s 和 $p \geq 2$ 是用户自定义的正数，用"0"的位置唯一识别用户，其中码字矩阵的每行表示一个用户的唯一指纹序列，行数表示可以容纳的用户数。图 5.10 显示了部分 $(72,81,9,8,0,1)$ GD-PBIBD 码字矩阵，表示可以容纳 81 个用户，抵抗 7 个用户合谋，其码长为 72。

Logistic 混沌映射也称为虫口模型，它的特点是对初始值及参数极为敏感，初始值只要有微小的差异，就可能导致完全不同的结果（张黎明等，2015b）。因此，对原始指纹序列采用 Logistic 混沌映射做置乱操作，获得最终的指纹序列。

2. 指纹嵌入

数字指纹借鉴数字水印嵌入的方法完成嵌入，不同的是数字指纹嵌入不同宿主中的信息是不同的，可以利用指纹信息的唯一性确定拷贝分发的非法用户。指纹嵌入的具体步骤如下。

U_1　000000001111111111111111111111111111111111111111111111111111111111111111

U_2　111111111111011110111110111111111110111011011111110111111111110

U_3　111111111111011110111110111101111111111010101111111011111111111

……

U_{10}　01111111111111111111111111111111111111111110000000111111111111111

U_{11}　111110111111101111101110111111101111001111111111111111111110111

U_{12}　111110111111111111011011111110111101111011111111101111111111011

……

图 5.10　（72，81，9，8，0，1）GD-PBIBD 码字矩阵

步骤 1：读取矢量空间数据，应用经典的 D-P 算法（Wang et al.，2020）得到特征点数据，应用式（5.6）将坐标点构造出复数序列$\{a_k\}$。

$$a_k = x_k + iy_k \ (k=1,2,\cdots,N) \tag{5.6}$$

式中，x_k、y_k 为顶点坐标值；N 为特征点的数目。

步骤 2：对 $\{a_k\}$ 进行 DFT 变换，计算得到相位系数 $\angle A_t$ 和幅度系数 $|f_k|$。

步骤 3：用 Logistic 混沌映射置乱待嵌入的指纹序列，得到最终的指纹序列 $\{F\}$。

步骤 4：应用量化嵌入（QIM）方法将指纹嵌入 $|f_k|$ 中，过程如下所示：

$$\begin{cases} |f_k'| = |f_k| + \dfrac{Q}{2}, F(i)=0 \text{且} \mathrm{MOD}(|f_k|,Q) \geq \dfrac{Q}{2} \\ |f_k'| = |f_k| + \dfrac{Q}{2}, F(i)=1 \text{且} \mathrm{MOD}(|f_k|,Q) < \dfrac{Q}{2} \end{cases} \tag{5.7}$$

式中，Q 为量化值；$F(i)$ 为 GD-PBIBD 码置乱后的指纹序列；$|f_k'|$ 为含指纹 DFT 的幅度系数。

步骤 5：对 $|f_k'|$ 进行 DFT 逆变换，再将特征点融合到原始数据中，获得含指纹的矢量空间数据。

3. 指纹提取

指纹提取实质就是指纹嵌入的逆过程，当数据发行者发现可疑矢量空间数据后，按照如下步骤来提取和跟踪非法用户。

步骤 1：读取可疑矢量空间数据，同样使用上述的 D-P 算法获得特征点数据，根据式（5.6）产生复数序列 $\{a_k'\}$。

步骤 2：对 $\{a_k'\}$ 进行 DFT 变换，得到幅度系数 $|f_k'|$。

步骤 3：使用与嵌入过程一致的参数，用 QIM 方法提取可疑的 $\{F'\}$ 值，提取过程如下。

$$\begin{cases} F'(i) = F'(i)+1, \text{MOD}(|f_k'|,Q) \geqslant \dfrac{Q}{2} \\ F'(i) = F'(i)-1, \text{MOD}(|f_k'|,Q) < \dfrac{Q}{2} \end{cases} \quad (5.8)$$

步骤4：运用 Logistic 映射对提取到的序列 $F'(i)$ 进行反置乱操作，得到可疑的指纹信息 GD-PBIBD′。

步骤5：计算提取的指纹序列与储存库中备注的指纹序列的汉明距离，汉明距离最小者为合谋者，从而确定到盗版者。

汉明距离是指一个字符串变换成另外一个字符串所需替换的字符个数（Du，2021）。例如，1101101 与 1001001 之间的汉明距离为 2。

5.2.2 实验与分析

不可感知性和鲁棒性同样用来衡量数字指纹算法的基本特征，为了验证本节算法的有效性，本节以 MATLAB R2016a 为平台对提出的 GD-PBIBD 指纹编码方案进行验证。实验分别选取部分中国路网数据和某区域绿地数据，数据为 shape 格式，如图 5.11（a）和图 5.11（c）所示。设置阈值 D 为 100，路网数据提取了 591023 个特征点，绿地数据提取了 26737 个特征点，再分别对特征点进行 DFT 变换，得到幅度系数。依据现有研究（Bose et al.，1954），构造 (72,81,9,8,0,1) GD-PBIBD 指纹编码，码长 72 bit，容纳 81 个用户，可抵抗 7 个用户合谋，部分如图 5.10 所示。用 Logistic 映射置乱指纹序列，使用相同的密钥，确保置乱后的指纹序列之间存在对应关系。运用 QIM 方法嵌入指纹，给定量化值 $Q=40$，最后进行逆 DFT 变换，得到含指纹的路网和绿地数据如图 5.11（b）和图 5.11（d）。

1. 不可感知性分析

不可感知性要求嵌入指纹后的数据与原数据不能有明显差异，主要从主观视觉分析和客观定量评价两个方面分析。

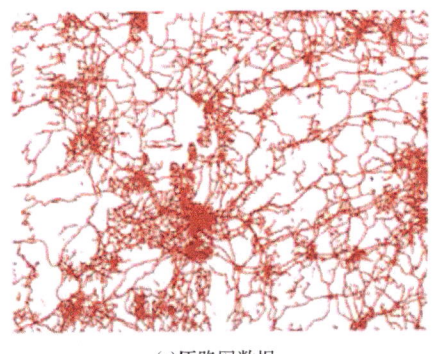
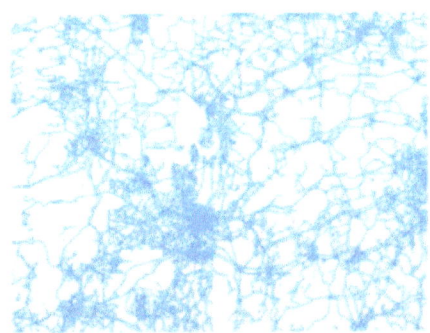

(a)原路网数据　　　　　　　　　　(b)嵌入后路网数据

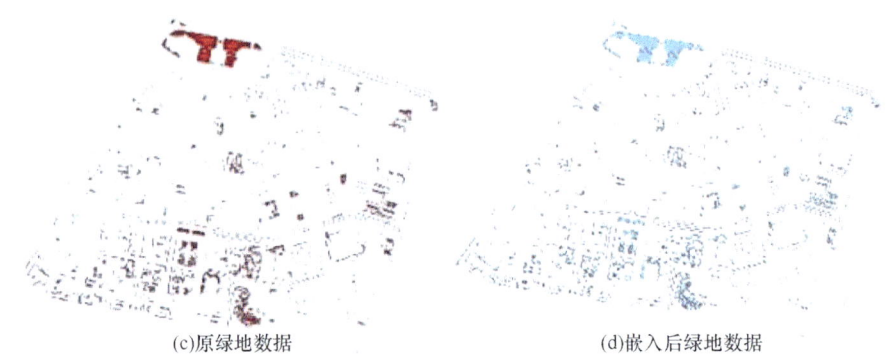

(c)原绿地数据　　　　　　　　(d)嵌入后绿地数据

图 5.11　实验数据可视化比较

1）主观视觉分析

利用目视观察法对比图 5.11（a）与图 5.11（b）、图 5.11（c）与图 5.11（d），主观视觉上嵌入指纹前后的矢量空间数据并无肉眼可辨的差异，并且能成功地从含指纹的矢量空间数据中提取嵌入的指纹信息。实验表明，在矢量空间数据嵌入指纹信息后并不影响数据的可视化效果。

2）客观定量评价

为验证数字指纹算法对矢量空间数据精度和可用性的影响，统计数据在指纹嵌入后的误差，统计结果如表 5.4 所示。

表 5.4　嵌入指纹后数据误差分析

数据	误差大小/m	数据点/个	所占百分比/%
路网数据	0	343207	58.07
	<0.01	247816	41.93
	≥0.01	0	0
绿地数据	0	6444	24.1
	<0.01	20293	75.9
	≥0.01	0	0

从表 5.4 可知，两类数据嵌入指纹后坐标误差都能够控制在 0.01m 之内，满足对应比例尺下矢量空间数据精度要求，严格控制了数据误差。因此，该算法能够保证矢量空间数据的可用性。主观视觉分析和客观定量评价的结果均证明，该算法具有良好的不可感知性。

2. 鲁棒性分析

当用户从数据分发中心（发行商）购买该数据时，从指纹库中随机选取一个用户编码并做好标记，防止出现重复分发及所有权验证等纠纷。然而，用户收到数据后可能会对数据实施各种攻击操作，试图削弱或完全去除其中嵌入的指纹信息。因此，有必要对所采用的指纹嵌入算法的鲁棒性进行检验。

1) 单用户攻击实验

在矢量空间数据应用中,往往受到有意或无意攻击,为确保在遭受攻击后仍能有效提取指纹,本节算法需满足一定的稳健性。本节对嵌入指纹的实验数据做了平移、裁剪和旋转等常见的攻击和多重攻击,结果如表 5.5 所示。

表 5.5 单用户攻击实验结果

攻击	程度	汉明距离
平移	+(20,20)	0
	−(20,20)	0
裁剪	50%	0
	75%	0
旋转	45°	0
	90°	0
	135°	0
平移+裁剪+旋转	+(20,20)+50%+90°	0

由表 5.5 可知,对嵌入指纹的两类数据进行简单平移、旋转和裁剪攻击后,利用该算法对攻击后的数据提取指纹并与指纹存储库中备注的指纹信息追踪检测,计算得到汉明距离都为 0,说明从该数据中百分之百提取到用户指纹。一般地,攻击并非单一的,可能是几种攻击相结合的结果。利用平移、裁剪及旋转对嵌入指纹的数据进行多重攻击,提取指纹序列,计算汉明距离为 0。结果表明,该算法具有一定的稳健性,能有效抵抗常见的及复杂的多重攻击,可以用来解决矢量空间数据真伪鉴别及所有权验证问题。

2) 多用户合谋实验

抗合谋攻击能力是评估数字指纹方案的重要指标。

假设大多数用户是可信的,当不超过最大合谋攻击人数的多用户合谋时,得到一份拷贝数据 H,其所含指纹序列记为 w。数据发行商发现可疑数据 H 后,利用此方案提取 H 数据的指纹序列 w,并计算 w 指纹与指纹存储库中备注的指纹的汉明距离,依据汉明距离判定非法用户,汉明距离最小者为叛逆者。

为了验证该算法的抗合谋攻击能力,选用 $U_1 \sim U_{10}$ 共 10 个用户参与实验,将这 10 个指纹序列分别嵌入路网数据与绿地数据中,选取嵌入 U_1、U_2、U_3、U_4、U_5、U_6 和 U_7 的指纹数据模拟合谋攻击来验证该方案抗合谋攻击能力。

实验 1 对嵌入 U_1 和 U_2 的矢量空间数据模拟平均攻击,提取得到可疑指纹序列 w,分别计算 U_1 和 U_2 指纹序列与 w 的汉明距离,结果如表 5.6 所示。

由表 5.6 可知,用户 1 和用户 2 与拷贝数据 w 指纹序列的汉明距离最短,由此可判定,用户 1 和用户 2 合谋。为了验证该算法的普遍性,随机选取 100 组两用户合谋,均可准确追踪到所有叛逆者,没有出现误判。为了验证该算法的有效性,分别对路网数据对多个用户(3,4,5,6,7)平均合谋的追踪实验,如表 5.7 所示。

表 5.6　两用户平均合谋攻击追踪结果

汉明距离	(w, U_1)	(w, U_2)	(w, U_3)	(w, U_4)	(w, U_5)	(w, U_6)	(w, U_7)	(w, U_8)	(w, U_9)	(w, U_{10})
路网数据	8	8	24	24	24	24	24	24	24	20
绿地数据	8	8	24	24	24	24	24	24	24	20

表 5.7　多用户平均合谋攻击追踪结果（路网数据）

汉明距离	(w, U_1)	(w, U_2)	(w, U_3)	(w, U_4)	(w, U_5)	(w, U_6)	(w, U_7)	(w, U_8)	(w, U_9)	(w, U_{10})
3 个用户合谋	16	0	16	16	16	16	16	16	16	14
4 个用户合谋	24	8	8	24	24	24	24	24	24	20
5 个用户合谋	32	16	16	16	32	32	32	32	32	26
6 个用户合谋	34	18	18	18	30	34	34	34	34	28
7 个用户合谋	33	31	17	17	17	33	33	33	33	27

汉明距离最小者为合谋者，由表 5.7 可知，3 个用户参与合谋时，能准确追踪到用户 U_2 为合谋者；4 个用户参与合谋时，识别用户 U_2 和 U_3 为合谋者；5 个用户参与合谋时，识别用户 U_2、U_3 和 U_4 参与拷贝制作；6 个用户参与合谋时，指控用户 U_2、U_3 和 U_4 参与合谋；7 个用户参与合谋时，判定用户 U_3、U_4 和 U_5 为合谋者。该编码算法在最大抗合谋人数范围内受到平均攻击后，可准确地追踪到至少一个参与合谋的非法用户，无误判现象。

实验 2 对嵌入 $U_1 \sim U_{10}$ 的路网数据分别模拟 2 个、3 个、4 个、5 个、6 个、7 个用户合谋最小值攻击，实验 3 对嵌入 $U_1 \sim U_{10}$ 的路网数据分别模拟 2 个、3 个、4 个、5 个、6 个、7 个用户合谋最大、最小值攻击，分别提取可疑指纹序列 w，分别计算 $U_1 \sim U_{10}$ 指纹序列与可疑序列 w 的汉明距离，结果如表 5.8 所示，并对每组合谋实验 100 次，进行追踪检测，仍能很好地追踪到所有合谋用户。

由表 5.8 可知，当 2 个用户、3 个用户、4 个用户、5 个用户、6 个用户及 7 个用户合谋受到最小值、最大最小值攻击时，都能成功追踪到合谋用户。由实验 1 可知，当受

表 5.8　多用户合谋攻击追踪结果（路网数据）

攻击	合谋数	用户											
		U_1	U_2	U_3	U_4	U_5	U_6	U_7	U_8	U_9	U_{10}	U_{11}	U_{12}
最小值攻击（汉明距离）	2	8	8	24	24	24	24	24	24	24	20	20	20
	3	16	16	16	32	32	32	32	32	32	26	26	26
	4	24	24	24	24	40	40	40	40	40	32	32	34
	5	32	32	32	32	32	48	48	48	48	38	38	40
	6	40	40	40	40	40	40	56	56	56	44	44	46
	7	48	48	48	48	48	48	48	64	64	50	50	52
最大最小值攻击（汉明距离）	2	8	8	24	24	24	24	24	24	24	20	20	20
	3	16	16	16	32	32	32	32	32	32	26	26	26
	4	24	24	24	24	40	40	40	40	40	32	32	34
	5	32	32	32	32	32	48	48	48	48	38	38	40
	6	40	40	40	40	40	40	56	56	56	44	44	46
	7	48	48	48	48	48	48	48	64	64	50	50	52

到平均攻击时，至少保证追踪到一个合谋用户。由实验 2 和实验 3 可知，该算法能很好地抵抗最小值攻击和最大最小值攻击，能追踪到所有合谋者。再次应用绿地数据模拟上述多用户合谋攻击实验，与路网数据所得结论一致，该算法能够抵抗平均攻击，可追踪到至少一个合谋用户，抵抗最小值攻击和最大最小值攻击，从而追踪到所有合谋者。综上所述，该算法可应用到矢量空间数据分发服务中，可以有效抵抗最小值合谋攻击和最大最小值合谋攻击，为矢量空间数据分发安全提供技术支持。

5.3 一种快速追踪合谋者的矢量空间数据指纹算法

矢量空间数据应用过程中涉及的消费群体较多，因此需要考虑较长码长的指纹编码方案及数字指纹追踪合谋者的速率（Sahoda et al., 2021），鉴于此，结合 I 码与 GD-PBIBD 码的优点，提出一种 I 码和 GD-PBIBD 码构成分块码的指纹算法，用以满足实际海量用户需求，并能够快速定位合谋者位置，将其应用于矢量空间数据中，为矢量空间数据盗版追踪提供依据。

该算法分为指纹编码、指纹嵌入及指纹提取与追踪三个过程。整体思路为：为高效追踪到合谋者，采用分块编码思想，以容易构造且具有良好的抗合谋性能的 I 码为分组码，容纳海量用户且编码效率高的 GD-PBIBD 码为用户码，自然拼接 I 码和 GD-PBIBD 码，生成分块指纹，为增强待嵌入指纹的保密性，利用 Logistic 映射置乱指纹；然后读取矢量空间数据的坐标信息，利用空域数据的冗余特点及其嵌入算法简单且实时性较强的优点，依据坐标与指纹之间的映射关系，运用量化嵌入（QIM）方法将指纹序列嵌入矢量空间数据坐标中（Lv et al., 2021）；当发现可疑数据时，再次运用 QIM 方法得到二值{−1, 1}序列，利用投票原则得到二进制序列，并对其进行 Logistic 反置乱，得到可疑指纹序列；最后计算可疑指纹序列与原指纹序列的汉明距离，汉明距离小者为合谋者（Kang et al., 2005），从而追踪到合谋者。该算法基本原理如图 5.12 所示。

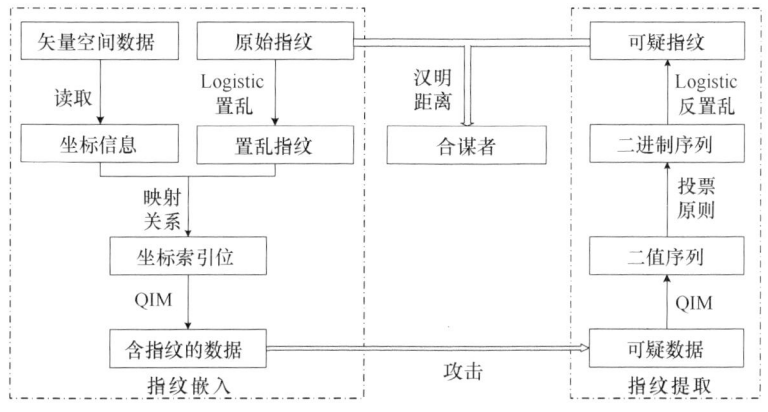

图 5.12 快速追踪合谋者的矢量空间数据指纹算法原理图

5.3.1 指 纹 编 码

1. 用户码

首先给出 GD-PBIBD 码的定义。$(v,b,r,k,\lambda_1,\lambda_2)$ GD-PBIBD 是将 v 个元素排列成 b 个子集，每个子集大小为 k，并且每个元素重复 r 次，使得组内的一对元素出现 λ_1 次、组间出现 λ_2 次的码集，其中 v 为码长，b 为用户数，$k-1$ 为能抵抗的合谋人数（Kang et al., 2006）。一般地，令 $\lambda_1=0$，$\lambda_2=1$。

该方案中 $(s^p, s^{2p-2}, s^{p-1}, s, 0, 1)$ GD-PBIBD 是由 $n=s^{2(p-1)}$ 个用户、$s-1$ 个共谋者和码长为 s^p 组成的指纹编码集。其中，s 为素数，p 为大于 2 的正整数。对生成的矩阵 N 转置得到最终码字矩阵，其中码字矩阵的每行表示一个用户的指纹序列，行数表示可容纳的用户数，详细步骤如下：

1）构造 $s^2 \times s^2$ 基础矩阵。

步骤 1：定义 $s \times s$ 的索引矩阵 $M=(m_{ij})$。

$$M = m_{ij} = (i \cdot j) \bmod s, \quad \text{其中} 0 \leqslant i,j \leqslant s-1 \tag{5.9}$$

步骤 2：定义 $s \times s$ 的子矩阵 $T_k=(t_{ij}^k)$。

$$T_0 = \begin{cases} t_{ij}^0 = 0, & i=j \\ t_{ij}^0 = 1, & i \neq j \end{cases}, \quad \text{其中} 0 \leqslant i,j \leqslant s-1, k=0 \tag{5.10}$$

其中，T_k 由 T_0 的所有列向左循环移位 $k(k=1,2,\cdots,s-1)$ 次得到。

步骤 3：用子矩阵 $T_k(k=1,2,\cdots,s-1)$ 替换索引矩阵 M 中第 $T_k(k=1,2,\cdots,s-1)$ 个元素，得到大小为 $s^2 \times s^2$ $(s^2,s^2,s,s,0,1)$ 的 GD-PBIBD 矩阵，该矩阵 $T^p=(t_{ij}^p)$ 将作为扩展构造 $s^3 \times s^4$ 矩阵步骤中的基础矩阵，其中 $l,j=0,1,\cdots,s^2-1$。

2）扩展构造 $s^3 \times s^4$ 矩阵

步骤 1：定义 $s \times s$ 索引矩阵 $M_b=(m_{ij}^b)$

$$M_b = m_{ij}^b = \{i|((b+i \cdot j) \bmod s)\} \tag{5.11}$$

其中，$b \geqslant 0$；$i,j \leqslant s-1$，"|" 表示水平拼接。

利用索引矩阵 M_b，得到 $s \times s^2$ 的新索引矩阵 Q。

$$Q = [M_0|M_1|M_2|\cdots|M_{s-1}] \tag{5.12}$$

其中，"|" 表示水平拼接。

步骤 2：定义 $s \times s^2$ 的子矩阵 $H_b=(h_{ij}^b)$。

$$H_b(=h_{ij}^b)=t_{ij}^p \tag{5.13}$$

其中，$b,c=0,1,\cdots,s-1; j=0,1,\cdots,s^2-1; i=c+b\cdot s; t_{ij}^p \in t_{ij}^p$。

步骤 3：构造 $s^2 \times s^2$ 的矩阵 T_{ij}。

$$T_{ij}=\left[J\vdots J\vdots\cdots\vdots H_i\text{在第}j\text{个位置}\vdots J\vdots J\right] \tag{5.14}$$

其中，$i,j=0,1,\cdots,s^2-1$；J 为 $s\times s^2$ 的全一矩阵；":"表示垂直拼接。

步骤 4：用矩阵 T_{ij} 替换索引矩阵 Q 的第 (ij) 个 $(i=0,1,\cdots,s-1,j=0,1,\cdots,s^2-1)$ 元素，则得到大小为 $s^3\times s^4$ 矩阵，该矩阵被定义为下一次迭代扩展构造 $s^3\times s^4$ 矩阵中的基础矩阵 T^p。

步骤 5：该步骤仅限于扩展构造 $s^3\times s^4$ 矩阵。从扩展构造 $s^3\times s^4$ 矩阵的子步骤 2 得到大小为 $s^2\times s^4$ 矩阵 H_b；从子步骤 3 得到大小为 $s^3\times s^4$ 矩阵 T_{ij}；然后替换子步骤 1 中 Q 矩阵，得到子步骤 4 中 $s^4\times s^6$ 矩阵。依此类推，直到 k 等于 p，最终得到所需的 $s^p\times s^{2p-2}$ 矩阵 N。

以 $s=3$ 和 $p=3$ 的为例，构建一个容纳 81 个用户，码长为 27 和能抵抗 2 个合谋者的指纹编码，$(27,81,9,3,0,1)$ GD-PBIBD 的码字矩阵，构造过程如下。

（1）构造 $3^2\times 3^2$ 基础矩阵。

步骤 1：生成 3×3 的索引矩阵 M。

$$M=\begin{bmatrix}0 & 0 & 0\\ 0 & 1 & 2\\ 0 & 2 & 1\end{bmatrix}$$

步骤 2：生成子矩阵 T_k。

$$T_0=\begin{bmatrix}0 & 1 & 1\\ 1 & 0 & 1\\ 1 & 1 & 0\end{bmatrix},\ T_1=\begin{bmatrix}1 & 1 & 0\\ 0 & 1 & 1\\ 1 & 0 & 1\end{bmatrix},\ T_2=\begin{bmatrix}1 & 0 & 1\\ 1 & 1 & 0\\ 0 & 1 & 1\end{bmatrix}$$

步骤 3：构造 $3^2\times 3^2$ 基础矩阵。

$$T^p=\begin{bmatrix}0 & 1 & 1 & 0 & 1 & 1 & 0 & 1 & 1\\ 1 & 0 & 1 & 1 & 0 & 1 & 1 & 0 & 1\\ 1 & 1 & 0 & 1 & 1 & 0 & 1 & 1 & 0\\ 0 & 1 & 1 & 1 & 1 & 0 & 1 & 0 & 1\\ 1 & 0 & 1 & 0 & 1 & 1 & 1 & 1 & 0\\ 1 & 1 & 0 & 1 & 0 & 1 & 0 & 1 & 1\\ 0 & 1 & 1 & 1 & 0 & 1 & 1 & 1 & 0\\ 1 & 0 & 1 & 1 & 1 & 0 & 0 & 1 & 1\\ 1 & 1 & 0 & 0 & 1 & 1 & 1 & 0 & 1\end{bmatrix}$$

（2）扩展构造 $3^3\times 3^4$ 矩阵。

步骤1：构造索引矩阵 M_b 和新索引矩阵 Q。

$$M_0 = \begin{bmatrix} 00 & 00 & 00 \\ 10 & 11 & 12 \\ 20 & 22 & 21 \end{bmatrix}, \quad M_1 = \begin{bmatrix} 01 & 01 & 01 \\ 11 & 12 & 10 \\ 21 & 20 & 22 \end{bmatrix}, \quad M_2 = \begin{bmatrix} 02 & 02 & 02 \\ 12 & 10 & 11 \\ 22 & 21 & 20 \end{bmatrix}$$

$$Q = \begin{bmatrix} 00 & 00 & 00 & 01 & 01 & 01 & 02 & 02 & 02 \\ 10 & 11 & 12 & 11 & 12 & 10 & 12 & 10 & 11 \\ 20 & 22 & 21 & 21 & 20 & 22 & 22 & 21 & 20 \end{bmatrix}$$

步骤2：构造 3×3^2 子矩阵 H_b。

$$H_0 = \begin{bmatrix} 0 & 1 & 1 & 0 & 1 & 1 & 0 & 1 & 1 \\ 1 & 0 & 1 & 1 & 0 & 1 & 1 & 0 & 1 \\ 1 & 1 & 0 & 1 & 1 & 0 & 1 & 1 & 0 \end{bmatrix}$$

$$H_1 = \begin{bmatrix} 0 & 1 & 1 & 1 & 1 & 0 & 1 & 0 & 1 \\ 1 & 0 & 1 & 0 & 1 & 1 & 1 & 1 & 0 \\ 1 & 1 & 0 & 1 & 0 & 1 & 0 & 1 & 1 \end{bmatrix}$$

$$H_2 = \begin{bmatrix} 0 & 1 & 1 & 1 & 0 & 1 & 1 & 1 & 0 \\ 1 & 0 & 1 & 1 & 1 & 0 & 0 & 1 & 1 \\ 1 & 1 & 0 & 0 & 1 & 1 & 1 & 0 & 1 \end{bmatrix}$$

步骤3：构造 $3^2 \times 3^2$ 的矩阵 T_{ij}。

$$T_{00} = [H_0 \vdots J \vdots J], \quad T_{01} = [J \vdots H_0 \vdots J], \quad T_{02} = [J \vdots J \vdots H_0]$$
$$T_{10} = [H_1 \vdots J \vdots J], \quad T_{11} = [J \vdots H_1 \vdots J], \quad T_{12} = [J \vdots J \vdots H_1]$$
$$T_{20} = [H_2 \vdots J \vdots J], \quad T_{21} = [J \vdots H_2 \vdots J], \quad T_{22} = [J \vdots J \vdots H_2]$$

其中，J 为 3×3^2 的全一矩阵。

步骤4：当 $s=3$ 且 $p=3$ 时，最终 $3^3 \times 3^4$ 矩阵 N 为

$$N = \begin{bmatrix} T_{00} & T_{00} & T_{00} & T_{01} & T_{01} & T_{01} & T_{02} & T_{02} & T_{02} \\ T_{10} & T_{11} & T_{12} & T_{11} & T_{12} & T_{10} & T_{12} & T_{10} & T_{11} \\ T_{20} & T_{22} & T_{21} & T_{21} & T_{20} & T_{22} & T_{22} & T_{21} & T_{20} \end{bmatrix}$$

转置 $(s^p, s^{2p-2}, s^{p-1}, s, 0, 1)$ GD-PBIBD 的码字矩阵 N 得到的矩阵是容纳 s^{2p-2} 个用户的抗合谋指纹编码集，其中"0"的位置唯一标识用户，其余位置为"1"。

2. 地区码

地区码由易生成且抗合谋性能良好的 I 码构成，其中 I 码由标准单位矩阵求补得到（李启南等，2015），用 $\Gamma(n,d)$ 表示，参数 n 和 d 分别代表用户容量和汉明距离，编码的最小汉明距离为 $2d$，矩阵的每一行代表一个用户码字。图5.13是 I 码 $\Gamma(4,1)$，表示容纳4个用户，汉明距离为1。

0	1	1	1
1	0	1	1
1	1	0	1
1	1	1	0

图 5.13　I 码 $\Gamma(4,1)$

5.3.2　指 纹 方 案

1. 指纹构建

依据用户码容纳的用户数量，对地区码进行统计分组构成分组码，从而实现快速定位的目的。其中，分组码使用统计分组的方法进行划分。统计分组是统计学的基本方法之一，为保证分组的科学性，应满足所有用户的每一个指纹都有组可归即完整性，以及任意用户的指纹仅属于一组即互斥性的原则。

将地区码 I 码统计分组构成分组码，基于用户码容纳的 s^{2p-2} 用户构造 $s^p \times s^{p-1}$ 的 I 码，依次取 s^{p-1} 为一个区组，则有 s^{p-1} 个区组，满足统计分组的原则。将分组码与用户码自然拼接，所构指纹码长为 $(s^p + s^{p-1})$，其用户容量为 s^{2p-2}，构造过程如下。

步骤 1：选定集合 s^p 和抗合谋攻击人数 $s-1$，构造元素为 $\{0,1\}$ 的布尔矩阵。

步骤 2：构造 $s^p \times s^{p-1}$ 的 I 码为地区码，其中每 s^{p-1} 为同一个地区，则有 s^{p-1} 个地区。

步骤 3：构造 $s^p \times s^{2p-2}$ 的 GD-PBIBD 码为用户码。

步骤 4：将分组码与用户码拼接，构成分块码，形成指纹序列。

该编码能够抵抗合谋攻击，并容纳大量用户。同时，该指纹编码通过 I 码可以快速定位到某个区组，再通过 GD-PBIBD 码精准找到合谋用户，从而提高检测合谋者的效率。图 5.14 显示了 $I(9,1)$ 码和 $(27,81,9,3,0,1)$ GD-PBIBD 码分块编码的码字矩阵，其中 I 码

A	011111111	T_{00}	T_{10}	T_{20}
B	101111111	T_{00}	T_{11}	T_{22}
C	110111111	T_{00}	T_{12}	T_{21}
D	111011111	T_{01}	T_{11}	T_{21}
E	111101111	T_{01}	T_{12}	T_{20}
F	111110111	T_{01}	T_{10}	T_{22}
G	111111011	T_{02}	T_{12}	T_{22}
H	111111101	T_{02}	T_{10}	T_{21}
I	111111110	T_{02}	T_{11}	T_{20}

　　　　地区码　　　　　用户码

图 5.14　指纹的码字矩阵

有 A～I 共 9 个分组码，每个区组 9 个用户，则可容纳 81 个用户。该编码利用计算机生成，可以满足实际应用中海量用户的需求。

2. 指纹嵌入

将生成的指纹嵌入矢量空间数据中，得到含指纹的矢量数据文件，嵌入步骤如下。

步骤 1：读取矢量空间数据的坐标数据 $\{P(i)|i=(1,2,\cdots,N)\}$，$N$ 为要素顶点的数目，$P_x(i)$ 对应该点 x 坐标，$P_y(i)$ 对应该点的 y 坐标。

步骤 2：为提高指纹的安全性，将待嵌入的分块码指纹序列用 Logistic 映射置乱，得到用户的指纹序列 $\{F\}$。

步骤 3：计算坐标值映射的指纹索引位，根据数据精度要求选择对应的映射有效位，W_x 为 x 坐标的指纹索引位，W_y 为 y 坐标的指纹索引位。

步骤 4：将指纹序列 $\{F\}$ 运用 QIM 方法嵌入坐标（x 坐标和 y 坐标）信息中，得到含指纹信息的矢量空间数据。以 x 坐标为例，过程如式（5.15）所示：

$$\begin{cases} P_x(i)=P_x(i)+\dfrac{Q}{2}, F(W_x)=0 \text{ 且 } \mathrm{MOD}(P_x(i),Q)\geqslant\dfrac{Q}{2} \\ P_x(i)=P_x(i)+\dfrac{Q}{2}, F(W_x)=1 \text{ 且 } \mathrm{MOD}(P_x(i),Q)<\dfrac{Q}{2} \end{cases} \quad (5.15)$$

式中，Q 为量化值；$P_x(i)$ 为 x 坐标值。

3. 指纹提取

指纹的提取实质上是指纹嵌入的逆过程，当数据发行商发现可疑矢量空间数据后，按照如下步骤来提取和追踪非法传播者。

步骤 1：读取可疑矢量空间数据的坐标数据 $\{P'(i)|i=(1,2,\cdots,N)\}$，$N$ 为要素顶点的数目，$P'_x(i)$ 对应该点 x 坐标，$P'_y(i)$ 对应该点的 y 坐标。

步骤 2：采用与嵌入相同的量化值 Q，运用 QIM 方法，依次对所有坐标点计算坐标值映射的指纹索引位，提取 $\{-1,1\}$ 二值指纹，以 x 坐标为例，W_x 为 x 坐标的指纹索引位，如式（5.16）。

$$\begin{cases} F'(W_x)=F'(W_x)-1, \mathrm{MOD}(P'_x(i),Q)<\dfrac{Q}{2} \\ F'(W_x)=F'(W_x)+1, \mathrm{MOD}(P'_x(i),Q)\geqslant\dfrac{Q}{2} \end{cases} \quad (5.16)$$

式中，$F'(W_x)$ 为 x 坐标对应指纹值；$P'_x(i)$ 为含指纹的 x 坐标值。

步骤 3：再利用投票原则（吕文清等，2017）得到二进制序列，对提取到的二进制序列进行 Logistic 反置乱，得到可疑指纹。

步骤 4：先根据地区码判别拷贝数据来自哪个地区，从而缩小合谋者追踪范围，再计算提取的指纹与该地区下指纹库中指纹的汉明距离，汉明距离最小者为合谋者，从而追踪到合谋者。

5.3.3　实验与分析

为验证该抗合谋方案的有效性，本节算法选取部分内陆水系 shape 数据进行实验，如图 5.15（a）所示。构造的分块码码长为 150bit，容纳 625 个用户，可以抵抗 4 个用户合谋的指纹编码，其中 I 码码长为 25bit，GD-PBIBD 码码长为 125bit，图 5.16 为部分用户分块码指纹序列。用 Logistic 映射置乱指纹序列，使用相同的密钥，确保置乱后的指纹序列之间仍存在对应关系。运用 QIM 方法嵌入指纹，量化值 Q=10，得到含指纹的矢量空间数据如图 5.15（b）。

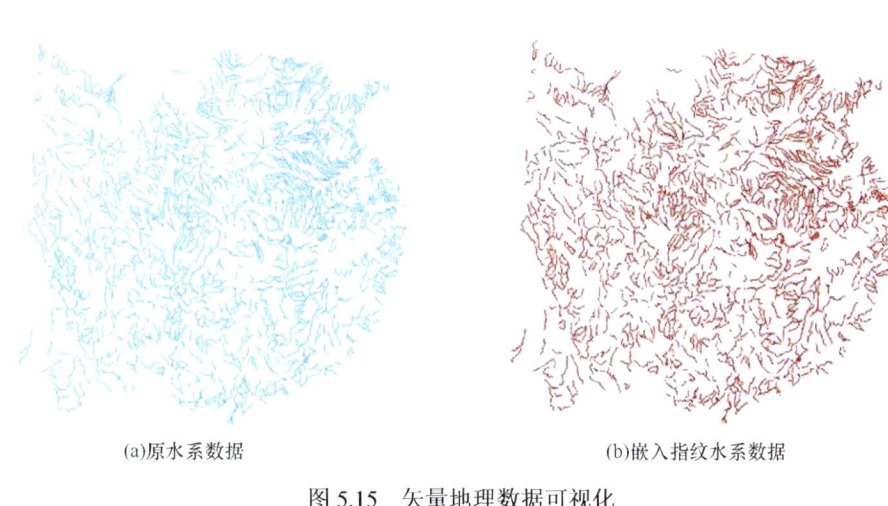

(a)原水系数据　　(b)嵌入指纹水系数据

图 5.15　矢量地理数据可视化

U_1　0111111111111111111111111011111111111111111111111101111111111111111111111101

　　11111111111111111111111011111111111111111111111110111111111111111111111111

U_2　01111111111111111111111111011111111111111111111111101111111111111111111111110

　　11111111111111111111111101111111111111111111111110111111111111111111111111

……

U_{11}　011111111111111111111111101111111111111111111111111110111111111111111111111111

　　101111111111111111111110111111111111111111111111110111111111111111111111

U_{12}　01111111111111111111111111011111111111111111111111111101111111111111111111111101

　　11111111111111111111111110111111111111111111111111101111111111111111111111

……

图 5.16　分块码指纹序列

1. 数据可用性分析

指纹信息的嵌入往往会导致数据精度的降低，为验证该方案对矢量空间数据可用性和精度的影响，对嵌入指纹后的数据进行误差分析，统计结果如表 5.9 所示。

从表 5.9 可知，嵌入指纹后坐标误差能够控制在 0.01m 之内，满足对应比例尺下矢量空间数据精度要求，严格控制了数据误差。表 5.9 和图 5.15 结果表明，该算法能够保证矢量空间数据的可用性和良好的不可感知性。

表 5.9 误差分析

误差大小	坐标点/个	所占百分比/%
0	22437	34.57
<0.01m	42462	65.43
≥0.01m	0	0

2. 鲁棒性分析

假设有用户从数据分发中心（发行商）购买该数据，按照该用户所在地区选择一个地区编码，随机地选取一个用户编码，并在指纹库中做好标记，防止出现重复分发等问题。主要从单用户攻击和多用户合谋攻击两方面验证算法的鲁棒性。

1）单用户攻击实验

在矢量空间数据应用中，经常受到有意或无意攻击，为保证在攻击后仍能有效提取出指纹，该算法需具有一定的鲁棒性。使用 ArcMap 10.2 对含有指纹的数据进行攻击，由于该算法是对矢量空间数据的空间域嵌入指纹序列，因此只进行增、删点和裁剪攻击，图 5.17 显示了受到裁剪攻击的数据，图中深色部分表示裁剪后的数据，图 5.17（a）为任意裁剪的数据，图 5.17（b）为裁剪 1/2 的数据，图 5.17（c）为裁剪 3/4 的数据。

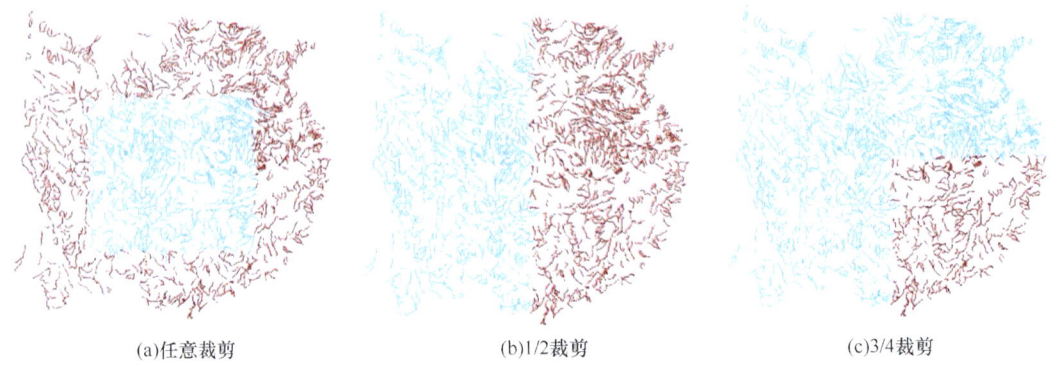

(a)任意裁剪　　　　　　(b)1/2裁剪　　　　　　(c)3/4裁剪

图 5.17 裁剪攻击（深红色部分为裁剪后数据）

利用该算法分别对增、删点和裁剪攻击后的数据提取指纹，并计算其与数据库中记录的指纹之间的汉明距离，得到的汉明距离均为 0，说明该数据所有权归属数据分发单位。此外，实验结果显示，该方案能够抵抗大范围任意增删点和裁剪攻击，具有良好的鲁棒性，可解决矢量空间数据真伪鉴别、所有权验证问题。

2）多用户合谋实验

评估数字指纹算法的重要指标之一是抗合谋攻击能力。合谋攻击主要分为线性攻击和非线性攻击。实验选用 $U_1 \sim U_8$ 和 $U_{26} \sim U_{29}$ 共 12 个指纹，将 12 个指纹序列分别嵌入原始矢量空间数据中，选取嵌入 U_1、U_2 和 U_3 的指纹数据模拟合谋攻击，来验证该方案抗合谋攻击能力。实验 1 用嵌入指纹的矢量空间数据模拟平均攻击追踪，实验 2 为最大值攻击追踪，实验 3 为最小值攻击追踪，实验 4 为最大最小攻击追踪。

试验 1 先用嵌入 U_1 和 U_2 的矢量空间数据模拟平均攻击，利用该算法提取可疑指纹序列 K，如表 5.10 所示，由于 U_1 和 U_2 都属于同一地区，则得到与其相同的地区码，可排除嵌入 $U_{26} \sim U_{29}$ 的用户，再分别计算 $U_1 \sim U_8$ 指纹序列与可疑序列 K 的汉明距离，表 5.11 显示了 $U_1 \sim U_8$ 和 $U_{26} \sim U_{29}$ 用户与可疑指纹 K 的汉明距离。再用嵌入 U_1、U_2 和 U_3 的矢量空间数据模拟平均攻击，提取得到可疑 K 指纹序列，由于 U_1、U_2 和 U_3 都属于同一地区，则得到与其相同的地区码，排除 $U_{26} \sim U_{29}$ 用户，再分别计算 $U_1 \sim U_8$ 指纹与 K 的汉明距离，结果如表 5.10 和表 5.11 所示。

表 5.10 可疑指纹序列 K

实验	合谋数	可疑指纹序列 K
实验 1	2	0111111111111111111111111001111111111111111111111001111111111111111111111001111111111 11111111111001111111111111111111111001111111111111111111111
	3	0111111111111111111111111101111111111111111111111101111111111111111111111101111111111 11111111111101111111111111111111111101111111111111111111111
实验 2	2	1111111111111111111111111111111111111111111111111111111111111111111111111111111111111 11111111111111111111111111111111111111111111111111111111111
	3	1111111111111111111111111111111111111111111111111111111111111111111111111111111111111 11111111111111111111111111111111111111111111111111111111111
实验 3	2	0111111111111111111111111001111111111111111111111001111111111111111111111001111111111 11111111111001111111111111111111111001111111111111111111111
	3	0111111111111111111111110001111111111111111111110001111111111111111111110001111111111 11111111110001111111111111111111110001111111111111111111111
实验 4	2	0111111111111111111111111001111111111111111111111001111111111111111111111001111111111 11111111111001111111111111111111111001111111111111111111111
	3	0111111111111111111111110001111111111111111111110001111111111111111111110001111111111 11111111110001111111111111111111110001111111111111111111111

表 5.11 多用户合谋攻击追踪结果

实验	合谋数	用户											
		U_1	U_2	U_3	U_4	U_5	U_6	U_7	U_8	U_{26}	U_{27}	U_{28}	U_{29}
实验 1	2	5	5	15	15	15	11	11	11	15	15	17	17
	3	10	0	10	10	10	8	8	8	12	10	12	12
实验 2	2	5	5	5	5	5	5	5	5	5	5	5	5
	3	5	5	5	5	5	5	5	5	5	5	5	5
实验 3	2	5	5	15	15	15	11	11	11	15	15	17	17
	3	10	10	10	20	20	14	14	14	20	20	20	22
实验 4	2	5	5	15	15	15	11	11	11	15	15	17	17
	3	10	10	10	20	20	14	14	14	20	20	20	22

实验 2，实验 3 和实验 4 与实验 1 类似，分别用嵌入 U_1 和 U_2 的矢量空间数据模拟最大值、最小值和最大最小值攻击，提取可疑指纹序列 K，再用嵌入 U_1、U_2 和 U_3 的矢

量空间数据模拟最大值、最小值和最大最小值攻击,提取可疑指纹序列 K,结果如表 5.10 所示,分别计算原指纹序列与可疑指纹序列 K 的汉明距离,结果如表 5.11 所示。

由表 5.11 可知,实验 1 中,2 个用户合谋时,U_1 和 U_2 与拷贝数据中指纹序列的汉明距离最短,由此可判定,U_1 和 U_2 为合谋者。3 个用户合谋时,受到平均攻击后追踪效果不理想,只能追踪到一个合谋者 U_2;实验 2 中不能抵抗最大值攻击;实验 3 和实验 4 中最小值及最大最小值攻击追踪结果良好,可以追踪到所有合谋者。由实验 2 和实验 3 可知,该方案不能同时抵抗最大值和最小值攻击,后继研究中可用"01"替代"0""10"替代"1"解决该问题。基于数据可用性分析和鲁棒性实验,结果表明,该方案具有较好的鲁棒性和抗合谋攻击能力,可应用到矢量空间数据分发中,为该数据盗版追踪提供参考。

5.4 基于映射分块的矢量地理数据多级数字指纹算法

矢量地理数据实际应用于国防与经济建设的过程中往往会经过多次分发。为保证矢量地理数据多次分发情况下的版权确认与叛逆用户追踪,需要将不同级别分发环节的用户信息多次嵌入载体数据中。传统的矢量地理数据多级数字水印算法可嵌入级数有限,且无法抵抗合谋攻击,因此需要研究可承载信息数量更高且兼顾鲁棒性的多级水印算法,并将其与抗合谋指纹编码结合。

通过建立矢量地理数据顶点坐标高位与分发级数的映射将顶点稳定分块,为各级信息构建嵌入载体,同时采用 GD-PBIBD 编码生成各级指纹信息,运用 QIM 方法将各级指纹信息嵌入载体数据中,实现多级分发过程中的版权确认与叛逆用户追踪。

矢量地理数据多级数字指纹算法需要解决的关键问题是如何将多个指纹信息嵌入矢量地理数据中,并且保证能从嵌入多级指纹后的矢量地理数据中提取到正确的多级指纹信息。基于此,本节所提出的算法采用了基于数据分块的信息多级嵌入方法,采用逻辑上的映射对矢量地理数据的顶点进行划分。本节提出的算法流程如图 5.18 所示。

整个算法包含多级数字指纹构造、多级指纹嵌入、多级指纹提取三部分。首先,根据预计分发级数、预计用户数量以及预计的抗合谋性能,生成合适的 I 码与 GD-PBIBD 码,并将其拼接组成级联码,构造出各级指纹信息;然后,将矢量地理数据的顶点坐标进行归一化并放大,取其高位与分发级数建立映射关系,将矢量地理数据的顶点稳定划分为若干个顶点集合;最后,应用 QIM 方法将各级指纹信息分别嵌入划分的顶点集合的坐标中。多级指纹提取是多级指纹嵌入的逆过程,在发现可疑数据后,对可疑矢量地理数据的顶点进行划分,再从各个顶点集合中分别提取各级指纹信息。之后,将提取到的各级指纹信息与各级指纹库进行比对,根据汉明距离来判定叛逆用户并对其进行追责。

5.4.1 多级数字指纹构造

对于待分发的矢量地理数据,假设其预计分发总级数为 K,则需生成 K 个指纹编码库，用于给各级用户分发指纹编码。各级指纹编码的长度由分发过程中各级预计用户量与设计的抗合谋性能所决定，并留有一定冗余量。

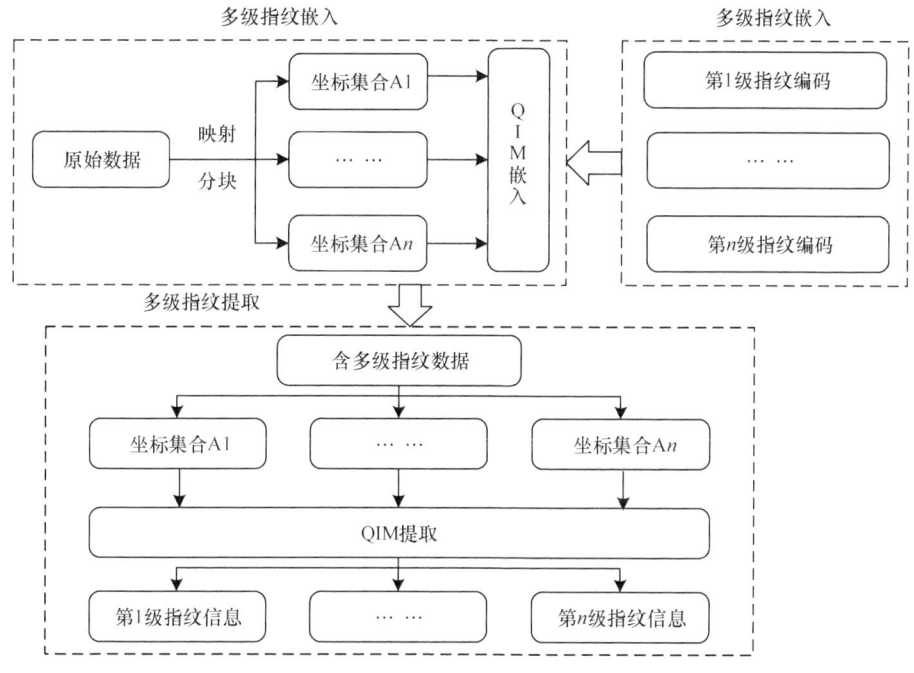

图 5.18　基于映射分块的矢量地理数据多级数字指纹算法流程

本节算法中所构造的多级数字指纹主要由分组码、用户码两部分组成。在实际编码过程中，分组码只增加了少许码长，却较高地提升了指纹的检索效率（李启南等，2015）。用户码则采用了 GD-PBIBD 编码，编码效率较高，且可以根据实际需求灵活生成不同用户容量、不同抗合谋性能的指纹编码库。在对矢量地理数据进行指纹信息嵌入时，指纹信息是由分组码和用户码拼接而成的。

1. 各级别用户码生成

本节算法采用 GD-PBIBD 编码来生成用户编码。GD-PBIBD 码的定义为：$(v,b,r,k,\lambda_1,\lambda_2)$ GD-PBIBD 是将 v 个元素排列成 b 个子集，每个子集大小为 k，并且每个元素重复 r 次，使得组内的每一对元素出现 λ_1 次，而在组间出现 λ_2 次的码集（Trappe et al.，2003）。其中，v 为编码长度，b 为用户数量，$k-1$ 为编码能抵抗的合谋人数，一般地，令 $\lambda_1=0$，$\lambda_2=1$。

$\left(s^p, s^{2p-2}, s^{p-1}, s, 0, 1\right)$ GD-PBIBD 是由 s^{2p-2} 个用户组成，可以抵抗 $s-1$ 个共谋者，且码长为 s^p 的指纹编码集。其中，s 为素数，p 为大于 2 的正整数，通过改变参数 s、p，可以构建出码长不同、用户容量不同、抗合谋性能不同的指纹编码库。其中，码字矩阵的总行数表示可以容纳的用户数，每行都是一个用户的唯一指纹序列。在每个指纹序列中，"0" 的位置都不相同，可用来唯一识别用户。

$(27,81,9,3,0,1)$ GD-PBIBD 码字矩阵如图 5.19 所示,其码长为 27,可以容纳的用户数量为 81,可以抵抗 2 用户合谋。

U_1 011111111101111111011111111
U_2 101111111101111111011111111
U_3 110111111110111111110111111
……   ……
U_{79} 111111011111111011011111111
U_{80} 111111101111111101101111111
U_{81} 111111110111111110110111111

图 5.19 （27，81，9，3，0，1）GD-PBIBD 码字矩阵

2. 分组码生成

根据容纳用户数,对相应标准正交矩阵求补得到 I 码矩阵,构成分组码。基于用户码容纳 s^{2p-2} 个用户构造 $s^p \times s^{p-1}$ 的 I 码,依次取 s^{p-1} 为一个区组,则有 s^{p-1} 个区组。在进行指纹检索时首先确认所检索指纹属于哪个区组,再进行相应区组的遍历,这样可以大幅度提升指纹检索效率,节约计算资源。

拼接分组码与用户码,得到长度为 $s^p + s^{p-1}$、用户容量为 s^{2p-2} 的指纹编码。图 5.20 所示为 $I(9, 1)$ 码和 $(27,81,9,3,0,1)$ GD-PBIBD 码拼接而成的指纹编码库矩阵。I 码有 9 个分组码,每个区组里包含 9 个用户指纹,总用户指纹数量为 81。

分组码	用户码
011111111	区组1(U_1-U_9)
101111111	区组2(U_{10}-U_{18})
110111111	区组3(U_{19}-U_{27})
111011111	区组4(U_{28}-U_{36})
111101111	区组5(U_{37}-U_{45})
111110111	区组6(U_{46}-U_{54})
111111011	区组7(U_{55}-U_{63})
111111101	区组8(U_{64}-U_{72})
111111110	区组9(U_{73}-U_{81})

图 5.20 指纹矩阵

5.4.2 多级指纹嵌入

1. 顶点划分与嵌入策略

顶点坐标是矢量地理数据中点、线、面要素的基本单位,为在数据中嵌入指纹提供

了空间（朱长青等，2014）。基于顶点坐标映射的空间域嵌入算法在嵌入容量上具备优势，而且原理简单，操作容易，对顶点增加、顶点删除、裁剪及噪声等攻击鲁棒性良好，但在抵抗几何攻击方面鲁棒性欠佳（闵连权，2008；马桃林等，2006）。为解决这一问题，本研究选择在嵌入指纹前对顶点坐标进行最大最小值归一化（朱丹丹和吕鲤志，2017），将坐标值映射到[0, 1]，确保数据平移与缩放具有不变性。

该算法中，顶点的划分与指纹位索引均以放大后的顶点坐标归一化为基础，建立归一化顶点坐标值的高位与分发级数的映射关系，划分出若干顶点集合，得到多级指纹的嵌入载体。同时，将放大后的归一化值与指纹索引位建立映射关系，通过修改其低位嵌入指纹，因此指纹嵌入不会影响到对分发级数索引的映射。顶点划分与指纹嵌入基本原理如图5.21所示。

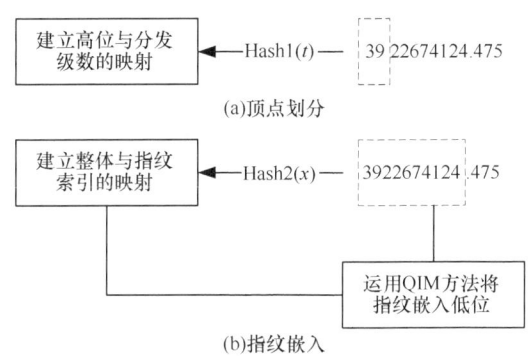

图5.21 顶点划分与指纹嵌入基本原理

2. 顶点划分

对于待嵌入指纹信息的矢量地理数据，假设X_0是横坐标的集合，Y_0是纵坐标的集合，K是分发总级数，对矢量地理数据的顶点进行划分的步骤如下。

步骤1：读取矢量地理数据，得到数据中所有顶点的坐标，从而构造出X_0、Y_0集合。

步骤2：对X_0、Y_0分别进行最大最小值归一化处理，然后均放大10^m倍，记为X_0'、Y_0'。

步骤3：根据式（5.17），建立X_0'高位（前2位）与分发级数之间的映射关系，从而将X_0'划分为K个非重复集合$\{X_1, X_2, \cdots, X_{K-1}, X_K\}$。

$$\mathrm{Hash1}(t) = t \% K + 1 \tag{5.17}$$

式中，t表示放大后归一化值的高位。然后，对Y_0'进行相同操作，得到K个非重复集合$\{Y_1, Y_2, \cdots, Y_{K-1}, Y_K\}$。

3. 指纹嵌入

对矢量地理数据完成顶点分组后，将每一级指纹信息嵌入对应的顶点集合中，各级指纹序列为$\{F_1, F_2, \cdots, F_{K-1}, F_K\}$，嵌入步骤如下。

步骤 1：根据式（5.18），建立集合 X_1、Y_1 与待嵌入指纹索引位之间的映射关系，得到集合 X_1、Y_1 中各个值所映射的指纹索引位 W_x 与 W_y。

$$\text{Hash2}(x) = x\%M + 1 \tag{5.18}$$

式中，x 表示集合 X_1、Y_1 中放大后的归一化值；M 表示指纹长度。

步骤 2：运用 QIM 方法，将第 1 级指纹 F_1 嵌入 X_1、Y_1 中，式（5.19）以 X_1 为例，计算嵌入指纹后的已放大归一化值 x'，其中，R 为量化值。

$$x' = \begin{cases} x - R/2, & \text{若}\, F_1(W_x) = 0\,\text{且}\, \text{Mod}(x, R) > R/2 \\ x, & F_1(W_x) = 0\,\text{且}\, \text{Mod}(x, R) \leqslant R/2 \\ x + R/2, & \text{若}\, F_1(W_x) = 1\,\text{且}\, \text{Mod}(x, R) \leqslant R/2 \\ x, & F_1(W_x) = 1\,\text{且}\, \text{Mod}(x, R) > R/2 \end{cases} \tag{5.19}$$

步骤 3：对未嵌入指纹信息的集合 $\{X_2,\cdots,X_{K-1},X_K\}$ 与 $\{Y_2,\cdots,Y_{K-1},Y_K\}$ 运用 QIM 方法进行全 0 占位符的嵌入。

步骤 4：对嵌入了第 1 级指纹信息和全 0 占位符后的集合 $\{X_1,X_2,\cdots,X_{K-1},X_K\}$、$\{Y_1,Y_2,\cdots,Y_{K-1},Y_K\}$ 分别进行合并操作，然后缩小为原来的 $1/10^m$ 并进行反归一化，得到含 1 级指纹信息的矢量地理数据，第 1 级指纹嵌入完毕。

步骤 5：重复步骤 1 至步骤 4，完成第 $n(n=1,2,3,\cdots,K)$ 级指纹的嵌入。

5.4.3 多级指纹提取

指纹提取过程为嵌入过程的逆过程，对于含多级指纹信息的矢量地理数据，将各级指纹信息全都提取，与各级指纹库分别进行比对。

步骤 1：读取矢量地理数据，得到数据中所有要素的坐标点，从而构造出 X_0、Y_0 集合。

步骤 2：对 X_0、Y_0 分别进行最大最小值归一化处理，然后放大 10^m 倍，记为 X_0'、Y_0'，m 取值与嵌入时相同。

步骤 3：建立 X_0'、Y_0' 高位与分发级数的映射，将 X_0'、Y_0' 各划分为 K 个非重复集合。

步骤 4：使用 QIM 量化索引方法从各个非重复集合中提取指纹信息，量化值 R 的取值与进行指纹嵌入时相同。

步骤 5：将提取的 K 级指纹信息与各级指纹库进行比对，得到此矢量地理数据的完整分发链条。

5.4.4 实验与分析

为验证本节算法的通用性与有效性，实验选用三幅 Shapefile 格式的矢量地理数据进行测试，图 5.22（a）、图 5.22（d）、图 5.22（g）展示了原始矢量地理数据，表 5.12 列出了矢量地理数据的一些基本信息，包含数据格式、文件大小、数据类型、顶点个数及要素个数。

表 5.12 实验数据基本信息

数据	区域	数据类型	数据格式	要素个数	顶点个数	文件大小/kB
数据 A	中国部分县级行政驻地	点	Shapefile	1704	1704	47
数据 B	中国部分河流	线	Shapefile	607	20080	348
数据 C	中国部分行政区划	面	Shapefile	64	8744	143

实验中,设总分发级数为 2,即生成 2 级指纹编码库,表 5.13 列出了生成的 2 级指纹编码库的基本信息。

表 5.13 多级指纹编码库信息

指纹库信息	1 级指纹编码库	2 级指纹编码库
指纹编码长度	36	36
I 码(分组码)长度	9	9
用户码长度	27	27
用户容量	81	81
抗合谋用户数	2	2

在对顶点坐标归一化值进行放大时,取放大倍数为 10^{10},嵌入过程中量化值 R 取 40。对三幅数据分别进行了 1 级指纹嵌入和 2 级指纹嵌入,实验结果如图 5.22 所示。

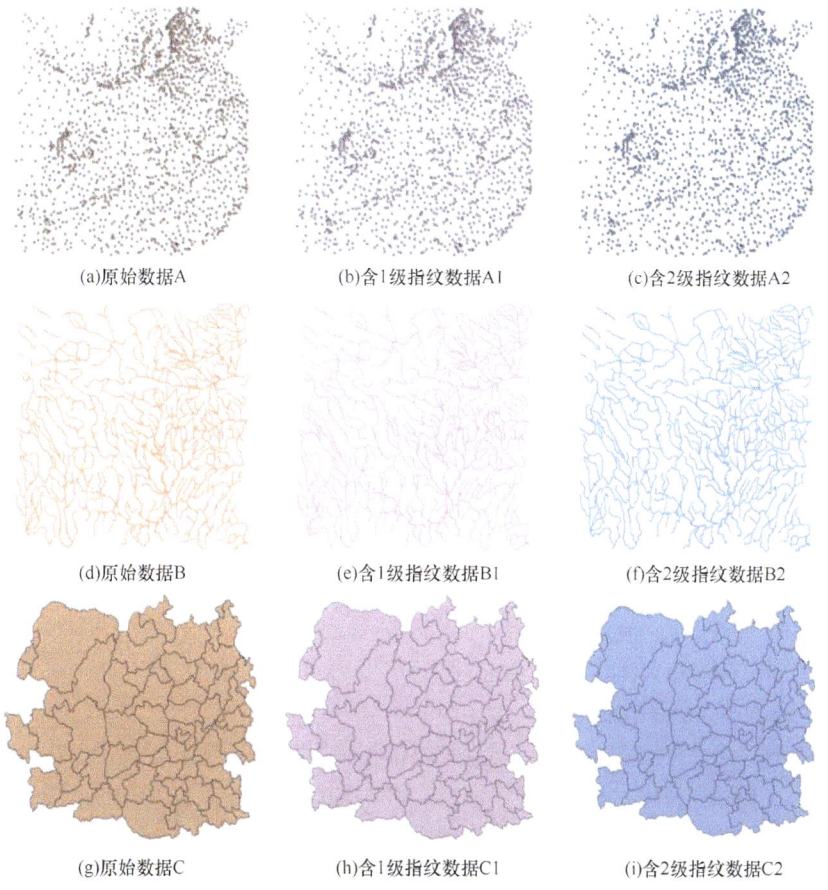

(a)原始数据A　　(b)含1级指纹数据A1　　(c)含2级指纹数据A2

(d)原始数据B　　(e)含1级指纹数据B1　　(f)含2级指纹数据B2

(g)原始数据C　　(h)含1级指纹数据C1　　(i)含2级指纹数据C2

图 5.22 多级指纹嵌入结果

1. 不可见性分析

对矢量地理数据进行指纹的多级嵌入会对数据的精度产生影响,为验证本节算法能否保证数据的精度及可用性,对嵌入了两级指纹信息的三幅矢量地理数据与原始数据进行对比及误差统计,结果见表 5.14。

表 5.14 误差分析

数据	误差大小/m	数据点/个	所占百分比/%
数据 A	0	467	27.41
	<0.01	1237	72.59
	≥0.01	0	0
数据 B	0	7944	39.56
	<0.01	12136	60.44
	≥0.01	0	0
数据 C	0	1846	21.11
	<0.01	6898	78.89
	≥0.01	0	0

由表 5.14 可知,嵌入了两级指纹信息后,三幅数据的误差均控制在 0.01m 以内,数据可用性不受影响。同时,由图 5.22 可知,嵌入了多级指纹后视觉上无法察觉数据的差异。以上结果表明,该算法能够保证嵌入多级指纹后数据的精度及可用性不受影响。

2. 算法鲁棒性分析

为了验证算法的鲁棒性,首先从 1 级指纹库与 2 级指纹库中分别选取 1 级指纹 f_1 与 2 级指纹 f_2,对数据 A、B、C 均进行 2 级嵌入。然后,对三幅含有两级指纹信息的数据均分别进行不同强度的平移、缩放、裁剪攻击、增删点攻击。最后,从攻击后的三幅矢量地理数据中提取两级指纹信息 f_{A1}、f_{A2}、f_{B1}、f_{B2}、f_{C1}、f_{C2},并计算它们各自与其原始指纹 f_1 与 f_2 之间的汉明距离。

1)抗几何攻击分析

对矢量地理数据进行几何攻击会使顶点坐标发生变化,但却不破坏其拓扑关系,数据仍具备可用性,因此需要对算法抗几何攻击能力进行测试。对已经嵌入了两级指纹信息的矢量地理数据进行缩放与平移攻击,分别缩放 50%与 200%,平移攻击时分别测试了沿 X 轴方向平移 2000 m,沿 Y 轴方向平移 2000 m,沿 X、Y 轴方向平移 2000 m 三种攻击方式。实验结果如表 5.15 所示。

由表 5.15 可知,在经过平移、缩放攻击后,从可疑数据中所提取的各级指纹信息与指纹库中所对应指纹之间的汉明距离均为 0。由于指纹信息被嵌入矢量地理数据坐标的归一化值中,因此在对含指纹矢量地理数据实施平移和缩放攻击后,其归一化值保持不变。

表 5.15 几何攻击实验结果

攻击	指纹级别	数据 A	数据 B	数据 C
缩放 50%	1	$D(f_1, f_{A1})=0$	$D(f_1, f_{B1})=0$	$D(f_1, f_{C1})=0$
	2	$D(f_2, f_{A2})=0$	$D(f_2, f_{B2})=0$	$D(f_2, f_{C2})=0$
缩放 200%	1	$D(f_1, f_{A1})=0$	$D(f_1, f_{B1})=0$	$D(f_1, f_{C1})=0$
	2	$D(f_2, f_{A2})=0$	$D(f_2, f_{B2})=0$	$D(f_2, f_{C2})=0$
沿 X 轴平移 2000 m	1	$D(f_1, f_{A1})=0$	$D(f_1, f_{B1})=0$	$D(f_1, f_{C1})=0$
	2	$D(f_2, f_{A2})=0$	$D(f_2, f_{B2})=0$	$D(f_2, f_{C2})=0$
沿 Y 轴平移 2000 m	1	$D(f_1, f_{A1})=0$	$D(f_1, f_{B1})=0$	$D(f_1, f_{C1})=0$
	2	$D(f_2, f_{A2})=0$	$D(f_2, f_{B2})=0$	$D(f_2, f_{C2})=0$
沿 X、Y 轴平移 2000 m	1	$D(f_1, f_{A1})=0$	$D(f_1, f_{B1})=0$	$D(f_1, f_{C1})=0$
	2	$D(f_2, f_{A2})=0$	$D(f_2, f_{B2})=0$	$D(f_2, f_{C2})=0$

2）抗裁剪攻击分析

在矢量地理数据的实际应用过程中，通常会对其进行裁剪操作，因此，多级指纹算法需对裁剪攻击有良好的鲁棒性。本节算法的裁剪攻击实验结果如表 5.16 所示，当裁剪攻击程度达到 50%时，汉明距离仍为 0。

表 5.16 裁剪攻击实验结果

攻击	指纹级别	数据 A	数据 B	数据 C
裁剪 10%	1	$D(f_1, f_{A1})=0$	$D(f_1, f_{B1})=0$	$D(f_1, f_{C1})=0$
	2	$D(f_2, f_{A2})=0$	$D(f_2, f_{B2})=0$	$D(f_2, f_{C2})=0$
裁剪 30%	1	$D(f_1, f_{A1})=0$	$D(f_1, f_{B1})=0$	$D(f_1, f_{C1})=0$
	2	$D(f_2, f_{A2})=0$	$D(f_2, f_{B2})=0$	$D(f_2, f_{C2})=0$
裁剪 50%	1	$D(f_1, f_{A1})=0$	$D(f_1, f_{B1})=0$	$D(f_1, f_{C1})=0$
	2	$D(f_2, f_{A2})=0$	$D(f_2, f_{B2})=0$	$D(f_2, f_{C2})=0$

3）抗增删点攻击分析

多级指纹算法需对简化操作与插值增密操作具备良好鲁棒性，因此对算法进行抗增删点攻击实验，实验结果如表 5.17 所示。

表 5.17 增删点攻击实验结果

攻击	指纹级别	数据 A	数据 B	数据 C
增点 30%	1	$D(f_1, f_{A1})=0$	$D(f_1, f_{B1})=0$	$D(f_1, f_{C1})=0$
	2	$D(f_2, f_{A2})=0$	$D(f_2, f_{B2})=0$	$D(f_2, f_{C2})=0$
增点 60%	1	$D(f_1, f_{A1})=0$	$D(f_1, f_{B1})=0$	$D(f_1, f_{C1})=0$
	2	$D(f_2, f_{A2})=0$	$D(f_2, f_{B2})=0$	$D(f_2, f_{C2})=0$
删点 30%	1	$D(f_1, f_{A1})=0$	$D(f_1, f_{B1})=0$	$D(f_1, f_{C1})=0$
	2	$D(f_2, f_{A2})=0$	$D(f_2, f_{B2})=0$	$D(f_2, f_{C2})=0$
删点 60%	1	$D(f_1, f_{A1})=0$	$D(f_1, f_{B1})=0$	$D(f_1, f_{C1})=0$
	2	$D(f_2, f_{A2})=0$	$D(f_2, f_{B2})=0$	$D(f_2, f_{C2})=0$

由表 5.17 可知，在对数据进行了 30%、60%的增点操作后，所提取出的指纹与原指纹之间的汉明距离均为 0；在删除了 30%、60%的点之后，提取出的指纹与原指纹之间的最大汉明距离也为 0。实验结果表明，该算法对于大范围任意增删点攻击具良好的鲁棒性。

3. 算法抗合谋能力分析

合谋攻击是指在数字产品进行分发之后，若干个合谋者联合起来，利用他们所拥有的合法数据构造出一个新的拷贝，用以逃避追踪或陷害其他无辜用户。由于每个合谋者都不愿被追踪到，因此每个合谋用户被追踪到的风险均等且简单易行的平均攻击是最常见的线性合谋攻击方案。

对于嵌入了多级指纹的矢量地理数据，发现可疑数据之后，从可疑数据中提取出各级指纹信息，分别与各自级别的指纹库进行汉明距离检测，找出各级指纹库中与所提取出的指纹信息汉明距离最小的指纹，并且根据数据分发记录，确定准确的分发链条。由于数据的多级分发，因此用户的合谋攻击存在 3 种情况，图 5.23 为某一矢量地理数据 2 级分发链条示意图。

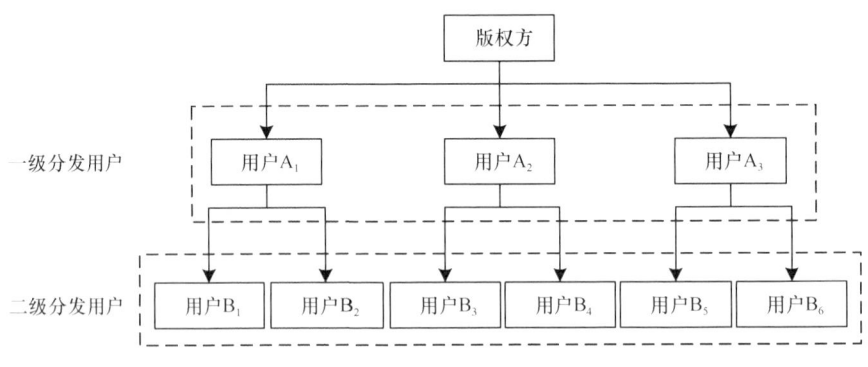

图 5.23　矢量地理数据分发链条示意图

（1）同一分发链条同一级别不同用户合谋，如用户 B_1 与用户 B_2 进行合谋。这种情况 B_1、B_2 所含 1 级指纹相同，2 级指纹不同。

（2）不同分发链条同一级别用户合谋，如用户 B_1 与用户 B_3 合谋。这种情况 B_1、B_3 所含 1 级指纹与 2 级指纹均不相同。

（3）不同级别间用户合谋，包含同一分发链条不同级别用户合谋，如用户 B_1 与 A_1 合谋；以及不同分发链条不同级别用户合谋，如用户 B_1 与 A_2 合谋。由于不含指纹信息顶点集合为全 0 占位符，因此可根据汉明距离直接判定叛逆用户。

针对三种不同情况的合谋攻击设计实验，用以验证算法的追踪与抗合谋能力。实验选定 3 个 1 级分发用户 A_1、A_2、A_3 以及 6 个 2 级分发用户 B_1、B_2、B_3、B_4、B_5、B_6；其分发链条如图 5.23 所示，基于图 5.23 得到的用户数据所含指纹编码如图 5.24 所示。

用户	第1级指纹(不含分组码)	第2级指纹(不含分组码)
A_1	011111111011111111011111111	无(全0占位符)
A_2	101111111101111111101111111	无(全0占位符)
A_3	110111111110111111110111111	无(全0占位符)
B_1	011111111011111111011111111	011111111011111111111111011
B_2	011111111011111111011111111	101111111101111111111111101
B_3	101111111101111111101111111	110111111110111111111111110
B_4	101111111101111111101111111	111110111111110110111111111
B_5	110111111110111111110111111	111111101111111101101111111
B_6	110111111110111111110111111	111111110111111110110111111

图 5.24 用户指纹

为了验证本节算法在不同情况下抗合谋攻击的能力，设计了3组实验，选用中国部分河流作为实验数据。实验1：用户 B_1、B_2 合谋，模拟同一分发链条同一级别不同用户合谋；实验2：用户 B_1、B_3 参与合谋，模拟不同分发链条同一级别用户合谋；实验3：用户 B_1、A_2 参与合谋，模拟不同级别间用户合谋。从合谋所产生的盗版数据中提取两级指纹并与各级指纹库作比对，实验结果如表 5.18 所示。

表 5.18 多用户平均合谋攻击实验

实验	指纹级别	用户								
		A_1	A_2	A_3	B_1	B_2	B_3	B_4	B_5	B_6
实验1	1	0	6	6	0	0	6	6	6	6
	2	30	30	30	2	2	6	6	6	6
实验2	1	2	2	6	2	2	2	2	6	6
	2	30	30	30	2	6	2	6	6	6
实验3	1	2	2	6	2	2	2	2	6	6
	2	30	30	30	0	6	6	6	6	6

实验1用来模拟同一分发链条同一级别的不同用户合谋，从合谋所产生的盗版数据中提取出1级指纹与2级指纹，分别与1级指纹库（A_1、A_2、A_3）和2级指纹库（B_1、B_2、B_3、B_4、B_5、B_6）进行汉明距离的计算，由表 5.18 中实验1结果可知，可疑指纹的第1级与用户 A_1、B_1、B_2 的第1级指纹相匹配，可疑指纹的第2级与 B_1、B_2 相匹配，可以得出 B_1、B_2 进行了合谋。

实验2模拟了不同分发链条同一级别的用户合谋，由表 5.18 中实验2结果可知，可疑指纹第1级与 A_1、A_2、B_1、B_2、B_3、B_4 相匹配，第2级与 B_1、B_3 相匹配，因此可以得出用户 B_1、B_3 进行了合谋。

实验3模拟了不同级别间的用户合谋，由表 5.18 中实验3结果可知，可疑指纹第1级与 A_1、A_2、B_1、B_2、B_3、B_4 相匹配，第2级只与 B_1 相匹配，因此可得出用户 B_1 与 A_1 进行了合谋。

综上可知，本节算法面对同一分发级别的多用户攻击时，可有效抵抗常见的线性攻击，高效准确地追踪到叛逆者；对于不同分发级别的多用户攻击，也可以成功判定叛逆者，并明确流通链条。

5.5 小　　结

本章总结了矢量空间数据数字指纹技术，重点探讨了数字指纹技术及其在矢量空间数据中的应用。通过引入 I 码、CFF 码以及 GD-PBIBD 码等编码理论，本章提出了多种抗合谋指纹算法。这些算法不仅解决了零水印技术在叛逆者追踪方面的不足，还能有效扩展用户容量、缩短码长，并在常见的攻击（如平移、裁剪、缩放、增删点等）下展现出良好的鲁棒性与不可感知性。此外，指纹嵌入 QIM 量化和 DFT 域实现了盲检测，确保了对矢量空间数据的稳健保护。通过多级指纹嵌入，该技术在面对多级分发链条中的合谋攻击时，能够追踪到至少一个叛逆者，为矢量地理数据的版权保护提供了可靠的技术保障。

第6章 结 语

2022年12月2日，中共中央、国务院发布《关于构建数据基础制度更好发挥数据要素作用的意见》，从数据产权、流通交易、收益分配、安全治理四方面系统性构建数据基础制度体系的20条政策举措，绘制数据要素发展的长远蓝图，其中包括"加快突破数据可信流通、安全治理等关键技术"。因此，解决数据流通过程中的安全、合规等问题，为更好地发挥数据要素作用，构建以数据为关键要素的数字经济已成为国家重大发展战略。而地理空间数据作为一种重要的基础数据类型，在推动国家数字化转型和数据治理中具有关键作用。

地理空间数据是 GIS 系统的核心，应用涉及国防、军事、科学研究、基础设施建设等诸多领域。近年来，随着测绘地理信息新技术的不断出现，数据安全问题日益严重，对地理空间数据安全管理和版权保护需求变得极为迫切。因此，本书以团队部分研究成果为基础，对地理空间数据安全管理和版权保护前沿技术和方法进行详细论述，以期推动地理空间数据安全可控使用，为地理信息产业发展保驾护航。

6.1 总 结

本书首先系统地阐述了地理空间数据安全的概念、安全体系、现状及研究意义，并对数字水印技术和数字指纹技术的基本概念、基本原理和评价指标进行了详细论述。然后分章对矢量空间数据水印算法、栅格空间数据水印算法、三维空间数据水印算法、矢量空间数据数字指纹算法进行了具体的论述。其中，对每一个算法思路、算法实现过程、实验及分析等进行详细的表述，这将有助于读者学习和理解此类算法，并为后续研究打下坚实基础。本书研究主要内容小结如下。

1）矢量空间数据版权保护方法

本书提出了一种基于分布中心的矢量空间数据零水印算法，该算法在实现版权归属判定的同时，为用于叛逆者追踪的指纹信息嵌入节省了一定的嵌入空间。该算法可以有效抵抗随机删点、平移、缩放和裁剪攻击，能够同时适应于矢量点、线、面数据，当数据量较小时，水印检测效果仍比较理想。针对零水印算法鲁棒性不足的问题，本书提出了一种应用泰森多边形的矢量地理数据零水印算法。将泰森多边形不变特征生成的二值矩阵与水印图像相结合生成零水印图像，该算法对常见的平移、旋转、缩放、裁剪和简化等攻击具有强鲁棒性，且效率较高。针对不规则三角网DEM常见的攻击方式，本书提出了运用特征点的不规则三角网DEM盲水印算法。该算法以较小的数据修改量实现了水印的嵌入，并且水印嵌入造成的数据误差较小，误差可控。其在抵抗简化攻击、高程平移攻击和裁剪攻击方面表现良好。针对现有的矢量地理数据零水印算法难以同时满足点、线、面数据的版权保护问题，本书提出了一种运用奇异值分解的矢量地理数据零水印算法。结合分块、归一化和奇异值分解等方法生成零水印图像。该算法适用于点、线、面数据，对多种攻击具有良好的鲁棒性，实用性更强。

2）栅格空间数据版权保护方法

针对传统水印算法无法实现同时对版权保护与内容认证的双重功能的问题，本书提出一种基于 DWT 变换与 SIFT 算子的双重数字水印算法。该算法先后嵌入两重水印，第一重水印用于对影像的版权保护，第二重水印则用于影像内容认证。该方案在保持影像质量的前提下，对常见的几何攻击有较强的鲁棒性，并能够实现影像内容的认证。针对遥感影像使用过程中，含水印影像经过仿射变换后水印与影像的同步性被破坏，导致水印无法正常检测的问题，提出了结合 ASIFT 和归一化的抗仿射变换遥感影像盲水印算法。该算法对常见的攻击具有鲁棒性，水印具有良好不可感知性，属于盲水印算法。针对实用的遥感影像水印算法对多项指标要求较高的问题，本书提出了一种基于 MSER 的遥感影像盲水印算法。该算法对常见的攻击具有鲁棒性，水印具有良好不可感知性，属于盲水印算法。

3）三维空间数据版权保护方法

针对现有的三维点云数据数字水印算法对随机增点、简化和裁剪等攻击鲁棒性不足的问题，本书提出一种格网划分的三维点云数据数字水印算法。该算法利用分块重复嵌入和映射方法，增强了鲁棒性，并能实现水印的盲检测，具有良好的不可见性。针对倾斜摄影三维模型版权保护问题，本书提出了一种基于顶点分组的倾斜摄影三维模型数字水印算法。该算法能实现恢复数据时的精度可控，具有较好的鲁棒性。针对 BIM 模型数据版权保护问题，基于常见的 BIM 模型数据格式 DXF 的特性，本书提出了一种运用 DFT 的 BIM 模型数据鲁棒水印算法。该算法具有较好的鲁棒性，实用性强。针对现有的三维点云数据水印算法缺乏针对旋转、裁剪和随机增点攻击的鲁棒性问题，本书提出了一种基于马氏距离和 ISS 特征点的鲁棒水印算法，该算法对几何攻击、简化攻击、裁剪攻击、重排序和噪声攻击表现出很强的鲁棒性，同时能保证点云数据坐标无损。

4）地理空间数据追踪溯源方法

针对地理空间数据追踪溯源的难题，本书提出基于 I 码和 CFF 码的矢量数据数字指纹算法，基于分块编码的思想对 I 码和 CFF 码进行分块编码建立指纹库，并将指纹序列利用 QIM 方法量化嵌入待分发的矢量空间数据 DFT 相位系数中。该算法能有效抵抗常见的合谋攻击，至少正确追踪到一个叛逆者，且能实现盲检测。针对矢量空间数据叛逆者追踪难及编码效率低的问题，本书提出一种运用 GD-PBIBD 码的指纹算法。该编码构造简单，编码效率高，鲁棒性较好，能追踪到所有叛逆者。为快速追踪到矢量空间数据分发后的合谋者，本书提出运用 I 码和 GD-PBIBD 码分块编码的抗合谋的指纹方案。嵌入矢量空间数据的指纹由分组码和用户码两部分自然拼接组成，分组码采用 I 编码，用户码采用 GD-PBIBD 编码。该指纹编码能抵御多种攻击，成功追踪到合谋者。针对已有数字指纹算法大多基于单次分发设计，仅能追踪单级分发下的数据泄露，难以追踪整个流通链条的问题，本书提出了一种面向多级分发的矢量地理数据数字指纹算法。该算法对常见攻击具有较好的鲁棒性，并且可有效抵抗常见的线性指纹攻击，准确地追踪到叛逆用户。

6.2 展　　望

本书所涉地理空间数据安全应用和版权保护技术与方法在一定程度上解决了数据应用中的安全问题、数据的侵权使用问题，但数字水印、数字指纹技术在信息安全领域属于事后追责技术范畴，有其应用的局限性，算法的鲁棒性仍有待于提高。此外，随着时空大数据、高精度地图、环境感知数据的广泛应用，地理空间数据正在朝着数据量大、数据更新快、数据类型多样化等方向发展，已有的版权保护技术和方法很难有效应对。因此，需要结合人工智能、大数据等技术，继续深入对地理空间数据安全可控使用进行深入研究。概括起来，有以下四点。

（1）地理空间数据特征提取研究。目前，对矢量空间数据和栅格空间数据特征表达多采用几何特征和属性信息，对地理空间数据特征描述不够充分，数据特征与地理空间数据之间的关联关系，在唯一性方面无法满足版权的认定。另外，水印技术的安全性、不可感知性和鲁棒性在一定程度上限制了数字水印在版权保护中的可靠性。随着大数据和人工智能技术的不断发展，数据表达、存储方式也在不断革新，因此，探索和研究如何利用新技术思想和手段表达地理空间特征，从本质上提高空间数据版权保护算法的性能具有重要的研究意义和研究价值。

（2）数字水印、数字指纹与加密技术相结合，解决数据使用过程中的安全和版权保护。数字水印技术可以用于数据版权保护，属于事后追责辅助技术，数字指纹用于盗版数据的溯源，发现侵权数据的源头，而加密技术是保护重要信息的关键技术，可以用于数据存储、传输等环节。近年来，交换密码水印技术就是这两种技术的结合，在加密后或非加密数据上实现了水印的嵌入和检测，根据实际需求选择加密和水印的顺序。交换密码水印大大扩展了数据安全的功能，既保证了数据的保密性又可以满足版权保护的需求，是地理空间数据安全未来研究的热点之一。

（3）数字水印、数字指纹与区块链技术结合，实现数据版权保护和可信交易。区块链技术通过其去中心化、不可篡改和透明性的特性，为地理空间数据的可信交易提供了技术支持，数字水印和数字指纹技术则是地理空间数据版权保护的优选技术。将数字水印、数字指纹与区块链技术结合是实现地理空间数据要素化、资产化、发挥数据价值的重要途径。它能够实现数据分发与使用的追溯，确保版权管理的自动化与透明性，并通过智能合约简化版权交易，提升叛逆者追踪和版权保护的效率与安全性。

（4）地理空间数据全链条安全管理技术研究。数字水印和数字指纹技术都属于事后追责技术，是对非法使用者和非法传播者进行有力威慑和惩治的技术手段，但若未及时发现非法传播的数据，危害巨大。而以访问控制、数据加密、区块链等为代表的技术将有效增强数据的全过程安全防护。因此，研究地理空间数据全链条管理技术方法，对于测绘地理数据全过程安全监管与应用具有重要意义。

参 考 文 献

曹鹏,李乔良. 2011.一种非线性的数字指纹合谋攻击方法[J].计算机工程与应用, 47(19): 85-87.

陈晓苏, 朱大立. 2007. 一种基于随机序列的数字指纹编码和跟踪算法[J]. 小型微型计算机系统, 28(5): 823-825.

邓成, 李洁, 高新波. 2010. 基于仿射协变区域的抗几何攻击图像水印算法[J]. 自动化学报, 36(2): 221-228.

杜顺, 詹永照, 王新宇. 2013. 网格分割的 3 维网格模型非盲水印算法[J]. 中国图象图形学报, 18(11): 1529-1535.

冯柳平. 2022.信息隐藏与数字水印技术[M].北京:科学出版社.

韩崇, 孙力娟, 肖甫, 等. 2012. 基于SVD的无线多媒体传感器网络图像压缩机制[J]. 东南大学学报(自然科学版), 42(5): 814-819.

何婷婷, 芮建武, 温腊. 2014. CPU-GPU 协同计算加速 ASIFT 算法[J]. 计算机科学, 41(5): 14-19.

侯翔, 闵连权. 2017. 基于 SURF 特征区域的鲁棒水印算法[J]. 武汉大学学报(信息科学版), 42(3): 421-426.

侯翔, 闵连权, 杨辉. 2018. 利用地理坐标网分块的矢量地图脆弱水印方案[J]. 计算机辅助设计与图形学学报, 30(11): 2042-2048.

胡维华, 鲍乾, 李柯. 2016. 结合汉明距离及语义的文本相似度量方法研究[J]. 杭州电子科技大学学报, 36(3): 36-41.

蒋美容, 张黎明, 陈金萍, 等. 2020. 一种 BIM 模型版权保护数字水印算法[J]. 测绘科学, 45(10): 143-148.

李虎,朱恒华,花卫华,等. 2020. 矢量地理数据安全保护关键技术和方法[J].地球科学, 45(12):4574-4588.

李启南, 董一君, 李娇, 等. 2015. 基于 CFF 码和 I 码的抗合谋数字指纹编码[J]. 计算机工程, 41(6): 110-115.

李文德, 闫浩文, 王中辉, 等. 2017. 一种矢量线数据零水印算法[J]. 测绘科学, 42(3): 143-148.

梁伟东, 张新长, 奚旭, 等. 2018. 基于零水印与脆弱水印的矢量地理数据多重水印算法[J].中山大学学报: 自然科学版, 57(4): 8.

刘春, 吴杭彬. 2007. 基于平面不规则三角网的 DEM 数据压缩与质量分析[J]. 中国图象图形学报, (5): 836-840.

刘得成, 苏庆堂, 袁子涵, 等. 2021. 结合汉明码和图像矫正的彩色图像盲水印[J]. 中国图象图形学报, 26(5): 1138-1146.

刘瑞祯, 谭铁牛. 2000. 数字图像水印研究综述[J]. 通信学报, 21(8): 39-48.

刘瑞祯, 谭铁牛. 2001. 基于奇异值分解的数字图像水印方法[J]. 电子学报, 29(2): 168-171.

刘文龙,李晖,金东勋.2015. 数字指纹生成方案及关键算法研究[J].信息网络安全, 2: 66-70.

陆宇光. 2009. 用于版权保护的数字指纹技术的研究[D]. 苏州: 苏州大学.

吕述望, 王彦, 刘振华. 2004. 数字指纹综述[J]. 中国科学院大学学报, 21(3): 289-298.

吕文清, 张黎明. 2017. 一种基于分布中心的矢量数据零水印算法[J]. 测绘工程, 26(8): 50-53.

吕文清, 张黎明. 2018. 运用 DFT 的矢量地理数据零水印算法[J]. 测绘科学技术学报, 35(1): 94-98, 104.

吕文清, 张黎明, 马磊, 等. 2017. BIBD 的矢量空间数据数字指纹算法[J]. 测绘科学, 42(12): 138-143.

参 考 文 献

罗茂, 陈建华. 2019. 一种基于仿射矩阵校正的抗几何攻击水印算法[J]. 云南大学学报(自然科学版), 41(5): 900-907.

马桃林, 顾翀, 张良培. 2006. 基于二维矢量数字地图的水印算法研究[J]. 武汉大学学报(信息科学版), 31(9): 792-794.

闵连权. 2008. 一种鲁棒的矢量地图数据的数字水印[J]. 测绘学报, 37(2): 262-267.

牛盼盼, 杨红颖, 邬俊, 等. 2007. 基于归一化图像重要区域的数字水印方法[J]. 中国图象图形学报, 12(10): 1774-1777.

欧博, 殷赵霞, 项世军. 2022. 明文图像可逆信息隐藏综述[J]. 中国图象图形学报, 27(1): 111-124.

商静静, 孙刘杰, 王文举. 2016. 基于SIFT特征点的三维点云模型盲水印算法[J]. 光学技术, 42(6): 506-510.

孙鸿睿, 朱建军, 尹鹏程, 等. 2012. 一种基于矢量地图特征点和分块的零水印算法[J]. 地理与地理信息科学, 28(4): 111-112.

孙建国, 张国印, 姚爱红, 等. 2010. 一种矢量地图无损数字水印技术[J]. 电子学报, 38(12): 2786-2790.

孙圣和, 陆哲明. 2000. 数字水印处理技术[J]. 电子学报, 28(8): 85-90.

郜能建, 吴德伟, 戚君宜. 2012. 基于改进SIFT的高鲁棒性特征点提取方法[J]. 航空学报, 33(12): 2313-2321.

佟国峰, 李勇, 刘楠, 等. 2017. 大仿射场景的混合特征提取与匹配[J]. 光学学报, 37(11): 215-222.

王刚, 任娜, 朱长青, 等. 2018. 倾斜摄影三维模型数字水印算法[J]. 地球信息科学学报, 20(6): 738-743.

王家耀. 2022. 地图科学技术:由数字化到智能化[J].武汉大学学报(信息科学版), 47(12):1963-1977.

王鹏斌, 张黎明, 王帅, 等. 2024. 精度可控的倾斜摄影三维模型可逆水印算法[J]. 地理与地理信息科学, 40(3).

王胜, 解辉, 张福泉. 2018. 利用边缘检测与Zernike矩的半脆弱图像水印算法[J]. 计算机科学与探索, 12(4): 629-641.

王帅, 张黎明, 李玉, 等. 2022. 运用奇异值分解的矢量地理数据零水印算法[J]. 测绘科学, 47(11): 196-203.

王威,李乔良,胡德发. 2011.抗线性组合攻击的数字指纹方案[J].计算机工程与设计, 32(2):505-508.

王向阳, 杨红颖, 侯丽敏. 2006. 一种用于版权保护的混合域数字图像水印算法[J]. 测绘学报, 35(3): 240-244.

王满, 任娜, 朱长青, 等. 2017. 基于QR码和量化DCT的遥感影像数字水印算法[J]. 地理与地理信息科学, 32(6): 19-24.

王晓华, 邓喀中, 杨化超. 2013. 集成MSER和SIFT特征的遥感影像自动配准算法[J]. 光电工程, 40(12): 31-38.

王玉军. 2007. 数字指纹的研究及其在图像版权保护方面的应用[D]. 南京: 南京信息工程大学.

吴德阳, 赵静, 汪国平, 等. 2020. 一种基于改进奇异值和子块映射的图像零水印技术[J]. 光学学报, 40(20): 85-97.

徐涛,汪华斌,李慧. 2013. 基于顶点几何数据构造的三维网格模型零水印算法[J].现代计算机, 17: 28-30.

许德合, 朱长青, 王奇胜, 等. 2011. 利用DFT幅度和相位构建矢量空间数据水印模型[J]. 北京邮电大学学报, 34(5): 25-28.

尹浩,林闯,邱锋,等. 2005. 数字水印技术综述[J].计算机研究与发展, 42(7):7.

张黎明, 闫浩文, 齐建勋, 等. 2015a. 基于DFT的可控误差矢量空间数据盲水印算法[J]. 武汉大学学报信息科学版, 40(7): 990-994.

张黎明, 闫浩文, 齐建勋, 等. 2015b. 基于归一化的矢量空间数据盲水印算法[J]. 地球信息科学学报, 17(7): 816-821.

张黎明,闫浩文,齐建勋, 等. 2016. 运用特征点的矢量空间数据盲水印算法[J]. 测绘科学, 41(4): 184-189.

张玲,李乔良,胡德发. 2012. 一种扩展的抗合谋数字指纹方案[J].计算机工程与应用, 48(1): 128-131.

张紫怡, 张黎明, 王帅, 等. 2023.一种格网划分的三维点云数据数字水印算法[J]. 测绘科学, 48(9): 252-261.

周琳, 张天骐, 冯嘉欣, 等. 2020. Blob-Harris特征区域结合CT-SVD的鲁棒图像水印算法[J]. 信号处理, 36(4): 520-530.

朱长青, 任娜, 徐鼎捷. 2022. 地理信息安全技术研究进展与展望[J]. 测绘学报, 51(6): 1017.

朱长青, 许德合, 任娜, 等. 2014. 地理空间数据数字水印理论与方法[M]. 北京: 科学出版社.

朱丹丹, 吕鲤志. 2017. 基于归一化和非下采样Contourlet变换的数字水印方案[J]. 北京理工大学学报, 37(04): 391-395.

Alrabaee S, Debbabi M, Wang L. 2022. A survey of binary code fingerprinting approaches: taxonomy, methodologies, and features[J]. ACM Computing Surveys (CSUR), 55(1): 1-41.

Atia M R A. 2014. Classification and elimination of overlapped entities in DXF files[J]. Ain Shams Engineering Journal, 5(3): 851-860.

Bivand R S. 2021. Progress in the R ecosystem for representing and handling spatial data[J]. Journal of Geographical Systems, 23(4): 515-546.

Boneh D, Shaw J. 1995. Collusion-secure fingerprinting for digital data[J]. IEEE Trans Information Theory, 44(5):1897-1905.

Bose R C, Clatworthy W H, Shrikhande S S. 1954. Tables of Partially Balanced Designs with Two Associate Classes[M]. Raleigh, NC: North Carolina Agricultural Experiment Station. Institute of Statistics Mimeo Series: 318-319.

Chen H, Xie T, Liang M, et al. 2023. A local tangent plane distance-based approach to 3D point cloud segmentation via clustering[J]. Pattern Recognition, 137: 109307

Cho J W, Prost R, Jung H Y. 2007. An oblivious watermarking for 3-D polygonal meshes using distribution of vertex norms[J]. IEEE Transactions on Signal Processing, 55(1):142-155.

Cox Jr K L, Gurazada S G R, Duncan K E, et al. 2022. Organizing your space: The potential for integrating spatial transcriptomics and 3D imaging data in plants[J]. Plant Physiology, 188(2): 703-712.

Dakroury Y, El-Ghafar I A, Tammam A. 2010. Protecting GIS data using cryptography and digital watermarking[J]. International Journal of Computer Science and Network Security, 10(1): 75-84.

De M, Jouan-Rimbaud D, Massart D. 2000. Chemometrics and intelligent laboratory systems[J]. The Mahalanobis Distance, 50(1): 1-18.

Du W S. 2021. Subtraction and division operations on intuitionistic fuzzy sets derived from the hamming distance[J]. Information Sciences, 571: 206-224.

Guth P L, Van Niekerk A, Grohmann C H, et al. 2021. Digital elevation models: terminology and definitions[J]. Remote Sensing, 13(18): 3581.

Hu F, Yang C, Jiang Y, et al. 2020. A hierarchical indexing strategy for optimizing apache spark with HDFS to efficiently query big geospatial raster data[J]. International Journal of Digital Earth, 13(3): 410-428.

Huang F, Mao Z, Shi W. 2016. ICA-ASIFT-based multi-temporal matching of high-resolution remote sensing urban images[J]. Cybernetics & Information Technologies, 16(5): 34-49.

Huang H, HU D. 2013. Fingerprinting algorithm based on the figure's collusion data base[J]. Journal of Theoretical & Applied Information Technology, 47(2): 733-739.

Javaheri A, Brites C, Pereira F, et al. 2020. Mahalanobis based point to distribution metric for point cloud geometry quality evaluation[J]. IEEE Signal Processing Letters, (27): 1350-1354.

Kadian P, Arora S M, Arora N. 2021. Robust digital watermarking techniques for copyright protection of digital data: A survey[J]. Wireless Personal Communications, 118: 3225-3249.

Kang I K, Lee C H, Lee H Y, et al. 2005. Averaging attack resilient video fingerprinting[C]// IEEE International Symposium on Circuits & Systems. Ko be IEEE. 0-7803-8834-8.

Kang I, Sinha K, Lee H K. 2006. New digital fingerprint code construction scheme using group-divisible design[J]. Ieice Transactions on Fundamentals of Electronics Communications & Computer Sciences, 89(12): 3732-3735.

Karakos D. 2002. Digital watermarking, fingerprinting and compression: An information-theoretic perspective[M]. College Park: University of Maryland.

Lee M, Sugihara K, Kim D S. 2022. Robust construction of Voronoi diagrams of spherical balls in three-dimensional space[J]. Computer-Aided Design, 152: 103374.

Li A, Lin B, Chen Y, et al. 2008. Study on copyright authentication of GIS vector data based on Zero-watermarking[J]. The International Archives of the Photogrammetry, Remote Sensing and Spatial Information Sciences, 37(B4): 1783-1786.

Li D, Che X, Luo W, et al. 2019. Digital watermarking scheme for colour remote sensing image based on quaternion wavelet transform and tensor decomposition[J]. Mathematical Methods in the Applied Sciences, 42(14): 4664-4678.

Li J, Lin S, Yu K, et al. 2022. Quantum K-nearest neighbor classification algorithm based on Hamming distance[J]. Quantum Information Processing, 21(1): 18.

Liu G, Wu Q, Wang G. 2022. An improved logistic chaotic map and its application to image encryption and hiding[J]. Journal of Electronics & Information Technology, 44(10): 3602-3609.

Liu J, Yang Y, Ma D, et al. 2019. A novel watermarking algorithm for three-dimensional point-cloud models based on vertex curvature[J]. International Journal of Distributed Sensor Networks, 15(1): 1-15.

Lv Z, Huang Y, Guan H, et al. 2021. Adaptive video watermarking against scaling attacks based on quantization index modulation[J]. Electronics, 10(14): 1655.

Mansouri A, Wang X. 2021. Image encryption using shuffled Arnold map and multiple values manipulations[J]. The Visual Computer, 37(1): 189-200.

Matas J, Chum O, Urban M, et al. 2004. Robust wide-baseline stereo from maximally stable extremal regions[J]. Image & Vision Computing, 22(10):761-767.

Megías D, Kuribayashi M, Qureshi A. 2020. Survey on decentralized fingerprinting solutions: copyright protection through piracy tracing[J]. Computers, 9(2): 26.

Mesa-Mingorance J L, Ariza-López F J. 2020. Accuracy assessment of digital elevation models (DEMs): a critical review of practices of the past three decades[J]. Remote Sensing, 12(16): 2630.

Morel J M, Yu G. 2009. ASIFT: A new framework for fully affine invariant image comparison[J]. SIAM Journal on Imaging Sciences, 2(2):438-469.

Mousavi V, Varshosaz M, Remondino F. 2021. Using information content to select keypoints for UAV image matching[J]. Remote Sensing, 13(7):1302.

Narasimhulu C V, Prasad K S. 2011. A novel robust watermarking technique based on nonsubsampled contourlet transform and SVD[J]. The International Journal of Multimedia & Its Applications, 3(1): 37-53.

Ohbuchi R, Masuda H, Aono M. 1998. Watermarking three-dimensional polygonal models through geometric and topological modifications[J]. IEEE Journal on Selected Areas in Communications, 16(4): 551-560.

Pan D, Xu Z, Lu X, et al. 2020. 3D scene and geological modeling using integrated multi-source spatial data: methodology, challenges, and suggestions[J]. Tunnelling and Underground Space Technology, 100: 103393.

Peng F, Long B, Long M. 2021. A general region nesting-based semi-fragile reversible watermarking for authenticating 3D mesh models[J]. IEEE Transactions on Circuits and Systems for Video Technology, 31(11): 4538-4553.

Pfitzmann B, Schunter M. 1996. Asymmetric fingerprinting[C].//International Conference on the Theory and Applications of Cryptographic Techniques. Springer Berlin Heidelberg, 84-95.

Phalippou P, Bouabdallah S, Breitkopf P, et al. 2020. 'On-the-fly'snapshots selection for proper orthogonal decomposition with application to nonlinear dynamics[J]. Computer Methods in Applied Mechanics and Engineering, 367: 113120.

Polidori L, El Hage M. 2020. Digital elevation model quality assessment methods: A critical review[J]. Remote Sensing, 12(21): 3522.

Prabha K, Sam I S. 2022. A survey of digital Image watermarking techniques in spatial, transform, and hybrid domains[J]. International Journal of Software Innovation, 10(1): 326-346.

Priyanka S, Raman B, Roy P P. 2017. A multimodal biometric watermarking system for digital images in redundant discrete wavelet transform[J]. Multimedia Tools and Applications, 76: 3871-3897.

Sahoda M, Kajisa T, Teraoka Y. 2021. Individual identification of digital log images using fingerprint recognition technology[C]//Proceedings of the 123nd. Japanese Forest Society Congress. Japan: The Japanese Forest Society: 301.

Sanchez J, Denis F, Coeurjolly D, et al. 2020. Robust normal vector estimation in 3D point clouds through iterative principal component analysis[J]. ISPRS Journal of Photogrammetry and Remote Sensing, 163: 18-35.

Schiavi B, Havard V, Beddiar K, et al. 2022. BIM data flow architecture with AR/VR technologies: Use cases in architecture, engineering and construction[J]. Automation in Construction, 134: 104054.

Singh P, Raman B, Roy P P. 2016. A multimodal biometric watermarking system for digital images in redundant discrete wavelet transform[J]. Multimedia Tools & Applications, 76(3): 1-27.

Singh P, Raman B, Roy P P. 2017. A multimodal biometric watermarking system for digital images in redundant discrete wavelet transform[J]. Multimedia Tools and Applications, 76: 3871-3897.

Starczewski A, Scherer M M, Książek W, et al. 2021. A novel grid-based clustering algorithm[J]. Journal of Artificial Intelligence and Soft Computing Research, 11(4): 319-330.

Tang C, Wang H, Zhao J, et al. 2021. Method for compressing AIS trajectory data based on the adaptive-threshold Douglas-Peucker algorithm[J]. Ocean Engineering, 232: 109041.

Trappe W, Wu M, Wang Z J, et al. 2003. Anti-collusion fingerprinting for multimedia[J]. IEEE Transactions on Signal Processing, 51(4): 1069-1087.

Tripathi A, Pandey R, Singh A. 2024. Boneh-shaw fingerprint code and tardos code analysis and optimization in minority collusion attack[J]. Measurement: Sensors, 33: 101173.

Van B N, Lee S H, Kwon K R. 2017. Selective encryption algorithm using hybrid transform for GIS vector map[J]. Journal of Information Processing Systems, 13(1): 68-82.

Wang C Y, Zhang Y P, Zhou X. 2018. Robust image watermarking algorithm based on ASIFT against geometric attacks[J]. Applied Sciences, 8(3):410.

Wang F, Ye M, Zhu H, et al. 2022. Optimization method for conventional bus stop placement and the bus line network based on the voronoi diagram[EB/OL]. Sustainability. 14 (13): 7918.

Wang J, Shen Y, Xiong X, et al. 2022. Research on multi-person collaborative design of BIM drawing based on blockchain[J]. Scientific Reports, 12(1): 16312.

Wang Q, Zhu C, Xu D. 2011. Watermarking algorithm for vector geo-spatial data based on DFT phase[J]. Geomatics and Information Science of Wuhan University, 36(5): 523-526.

Wang S, Cui C, Niu X. 2014. Watermarking for DIBR 3D images based on SIFT feature points[J]. Measurement, 48: 54-62.

Wang X, Guan N, Yang J. 2021. Image encryption algorithm with random scrambling based on one-dimensional logistic self-embedding chaotic map[J]. Chaos, Solitons & Fractals, 150: 111117.

Wang X, Yang W, Liu Y, et al. 2020. Segmented Douglas-Peucker algorithm based on the node importance[J]. KSII Transactions on Internet and Information Systems (TIIS), 14(4): 1562-1578.

Wen Q, Sun T F, Wang S X. 2003. Concept and application of zero-watermark[J]. Acta Electronica Sinica, 31(2): 214-216.

Xia G S, Bai X, Ding J, et al. 2018. Dota: a large-scale dataset for object detection in aerial images[C]//IEEE/CVF Conference on Computer Vision and Pattern Recognition. Salt Lake City, UT, USA. IEEE. 3974-3983.

Xiong P, Hu L I U, Yongliang T, et al. 2021. Helicopter maritime search area planning based on a minimum bounding rectangle and K-means clustering[J]. Chinese Journal of Aeronautics, 34(2): 554-562.

Xu G, Pang Y, Bai Z, et al. 2021. A fast point clouds registration algorithm for laser scanners[J]. Applied Sciences, 11(8): 3426.

Ye G D, Wu H S, Huang X L, et al. 2023. Asymmetric image encryption algorithm based on a new three-dimensional improved logistic chaotic map[J]. Chinese Physics B, 32(3): 030504.

Yin Y, Antonio J. 2020. Application of 3D laser scanning technology for image data processing in the protection of ancient building sites through deep learning[J]. Image and Vision Computing, 102: 103969.

Yu F, Peng J, Li X, et al. 2023. A copyright-preserving and fair image trading scheme based on blockchain[J]. Tsinghua Science and Technology, 28(5):849-861.

Yu X, Wang C, Zhou X. 2017. Review on semi-fragile watermarking algorithms for content authentication of digital images[J]. Future Internet, 9(4): 56.

Zhou Q, Ren N, Zhu C, et al. 2020. Blind digital watermarking algorithm against projection transformation for vector geographic data[J]. ISPRS International Journal of Geo-Information, 9(11): 692.

Zhu P, Jia F, Zhang J. 2013. A copyright protection watermarking algorithm for remote sensing image based on binary image watermark[J]. Optik, 124(20): 4177-4181.

Zhu P, Jiang Z, Zhang J, et al. 2021. Remote sensing image watermarking based on motion blur degeneration and restoration model[J]. Optik, 248: 168018.